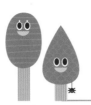

사월이네 공부방 김원상의
수학의 단단한 기둥 시리즈

도형 탐구

Explore Shape Workbook

루덴스

생활 속에서 도형을 경험시켜 주세요

입체 도형은 일상생활에서 쉽게 접할 수 있는 도형입니다.

일상생활에서 접하는 사물들을 탐구하여 기초적인 개념과 직관적 통찰력을

기르는 것은 공간 감각 능력을 키우는 데 도움이 됩니다.

우리가 평소에 접하는 다양한 사물들은 각각 다른 크기, 색, 질감과 같은

속성을 지니고 있습니다.

따라서 형태와 크기만을 일반화하여 도형의 모양을 인식하는 것은

유아들에게 쉬운 일은 아닙니다.

생활 속에서 관찰하고 쌓아 보고 만져 보는 구체적인 활동을 충분히 해 주세요.

그러면 여러 가지 모양을 직관적으로 파악하는 데 도움이 됩니다.

같은 모양이라 하더라도 크기나 위치 등의 변화를 주어 다양한 예를

제시해 주세요.

실생활 쓰임과 관련 있다는 생각을 함으로써 수학이 일상생활과 밀접하게

연결되어 있다는 것을 깨닫겠지요.

자연스럽게 스스로 이해하는 능력을 기를 수 있을 것입니다.

사월이네 공부방 _ 김재련 원장

차   례

초등 수학 1-1

2. 여러 가지 모양

- 여러 가지 모양 찾아보기
- 여러 가지 모양 알아보기
- 여러 가지 모양 만들기

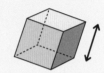

초등 수학 1-2

3. 여러 가지 모양

- 여러 가지 모양 찾아보기
- 여러 가지 모양 알아보기
- 여러 가지 모양 꾸미기

여러 가지 모양을
찾아보아요!

모양의 특징을
알아보아요!

STEP 1

STEP 2

입체 도형

우리 주변에는 여러 가지 모양의 물건들이 있어요.
공, 상자, 책, 통조림, 북 등 여러 모양의 물건들을 관찰하고,
같은 모양끼리 모으고, 모양이 가진 특징을 알아보면서
입체 도형에 대한 기초 개념을 알고 직관적 통찰력을 기르며,
공간 감각 능력을 키울 수 있어요.

여러 가지 모양을
만들어 보아요!

STEP 3

여러 방향에서 모양을
바라보아요!

STEP 4

빈센트 반고흐 「아를의 침실」 재구성

방 안에 여러 가지 모양의 물건들이 있어요.

그림에서 ⬜ 🟦 🔵 모양을 닮은 물건들을 찾아보세요.

여러 가지 모양을 찾아보아요

우리 주변에는 어떤 모양의 물건들이 있을까요?

 모양을 닮은 물건들을 찾아보고,

 모양에 대해 알아보아요.

왼쪽의 물건과 같은 모양을 찾아 ○표 하세요.

①
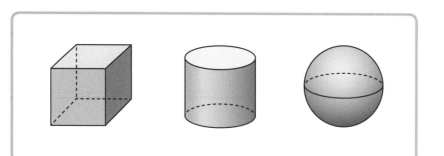

②
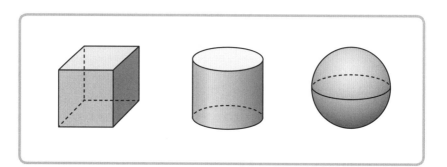

③
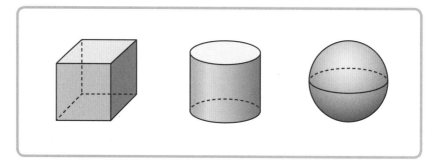

④
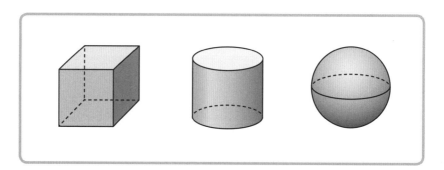

 같은 모양을 찾아요! ②

왼쪽의 모양과 같은 물건을 찾아 ○표 하세요.

1 　　　

2 　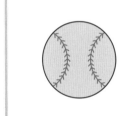　　

3 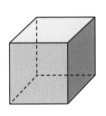　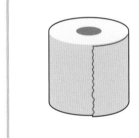　　

4 　　　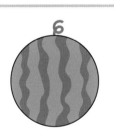

어디에 담을까요?

모양 인지 및 분류

모양이 같은 물건끼리 모았어요. 어느 바구니에 담아야 할지 알맞게 선으로
이어 보세요.

•   •

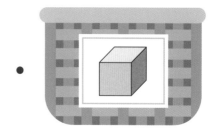

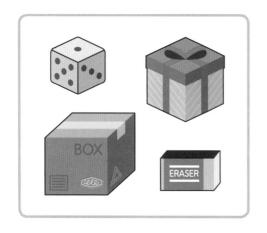

•   •

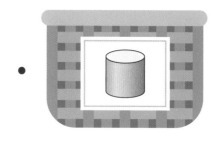

•   •

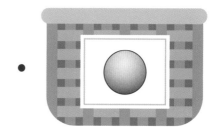

 같은 모양끼리

모양 인지 및 분류

같은 모양끼리 선으로 이어 보세요.

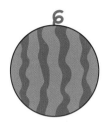

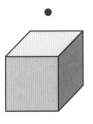

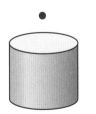

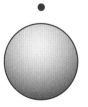

다른 모양을 찾아요!

모양 인지 및 변별

모양이 다른 하나를 찾아 ○표 하세요.

①

②

③

④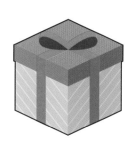

 세어 보아요!

모양 인지 및 수 세기

그림에서 ⬜ 🛢 ⚪ 모양을 찾아보고, 개수를 세어 보세요.

 _____ 개    _____ 개   ⚪ _____ 개

색칠해 보아요!

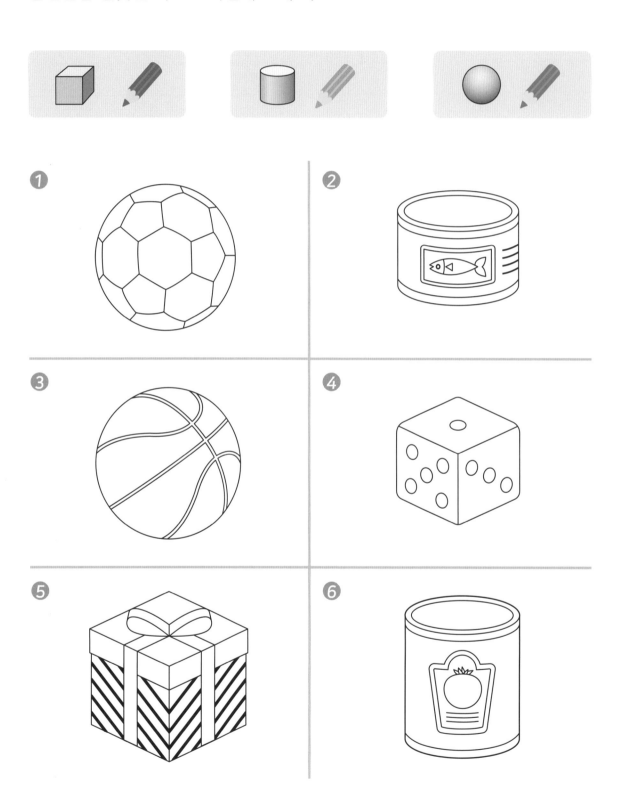 모양·색 변별하기

물건들을 알맞은 색으로 색칠해 보세요.

따라 그려요!

점선을 따라 여러 가지 모양을 그려 보세요.

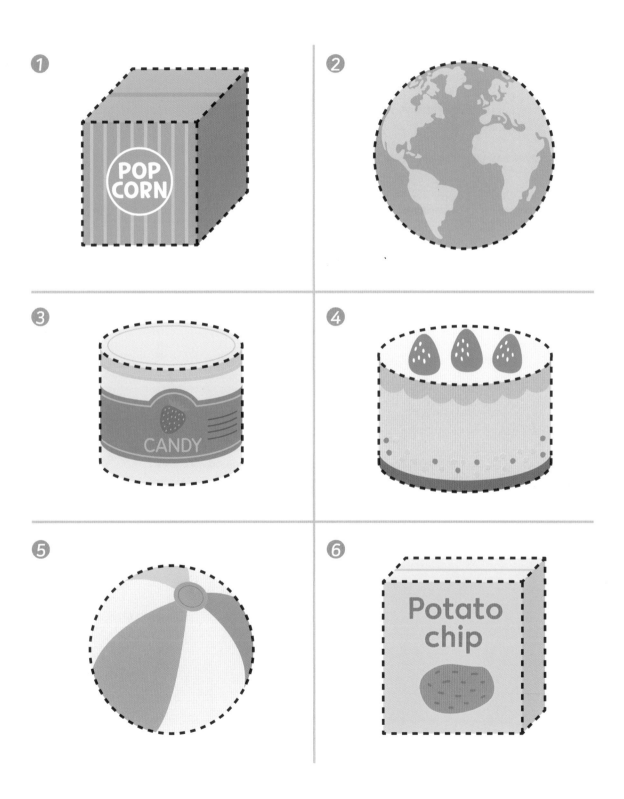

① POP CORN

②

③ CANDY

④

⑤

⑥ Potato chip

Let's take a break!

아이가 학교에 갈 수 있도록 길을 찾아 주세요.

모양의 특징을 알아보아요

어떤 모양이 뾰족하고, 어떤 모양이 평평할까요?

또 데굴데굴 잘 구르는 것은 어떤 모양일까요?

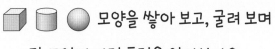 모양을 쌓아 보고, 굴려 보며

각 모양이 가진 특징을 알아보아요.

뾰족뾰족 뾰족해요!

모양의 특징 탐색

뾰족한 부분이 있는 모양을 모두 찾아 ○표 하세요.

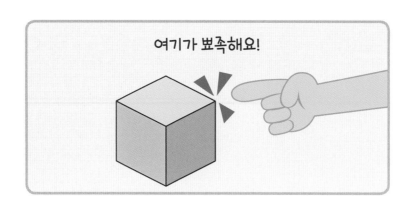

여기가 뾰족해요!

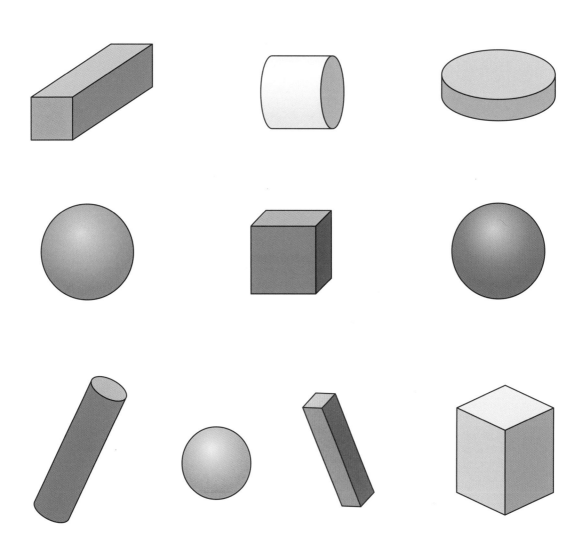

차곡차곡 쌓아요!

쌓을 수 있는 모양을 모두 찾아 ○표 하세요.

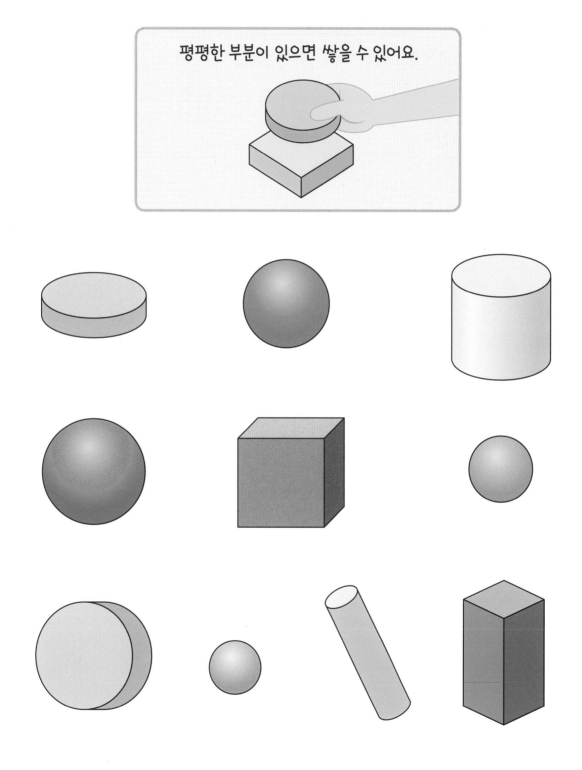

평평한 부분이 있으면 쌓을 수 있어요.

데굴데굴 굴러가요! ①

모양의 특징 탐색

잘 굴러가는 모양을 모두 찾아 ○표 하세요.

둥근 부분이 있으면 잘 굴러가요.

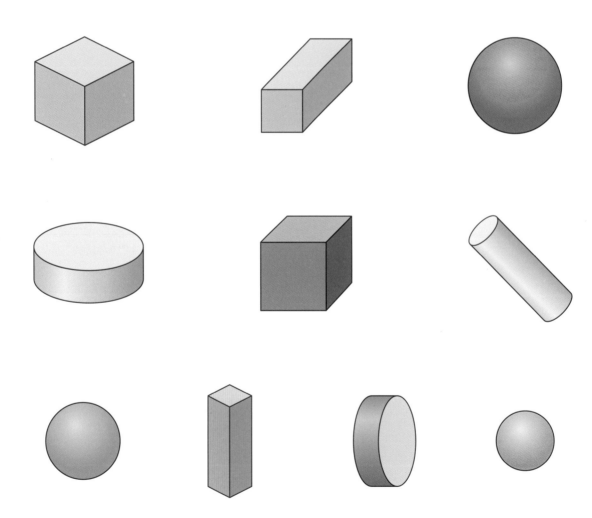

데굴데굴 굴러가요! ②

모양의 특징 인지

설명을 잘 읽고, 빈칸에 알맞은 표시를 해 보세요.

> 모든 방향으로 잘 굴러가요. ⇒ ○
>
> 한 방향으로만 굴러가요. ⇒ △
>
> 잘 굴러가지 않아요. ⇒ X

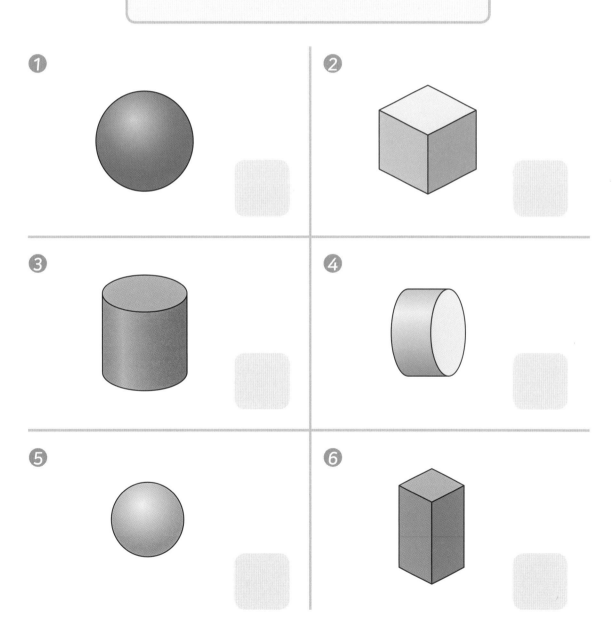

① ② ③ ④ ⑤ ⑥

알맞은 모양을 찾아요!

설명에 알맞은 모양을 모두 찾아 ○표 하세요.

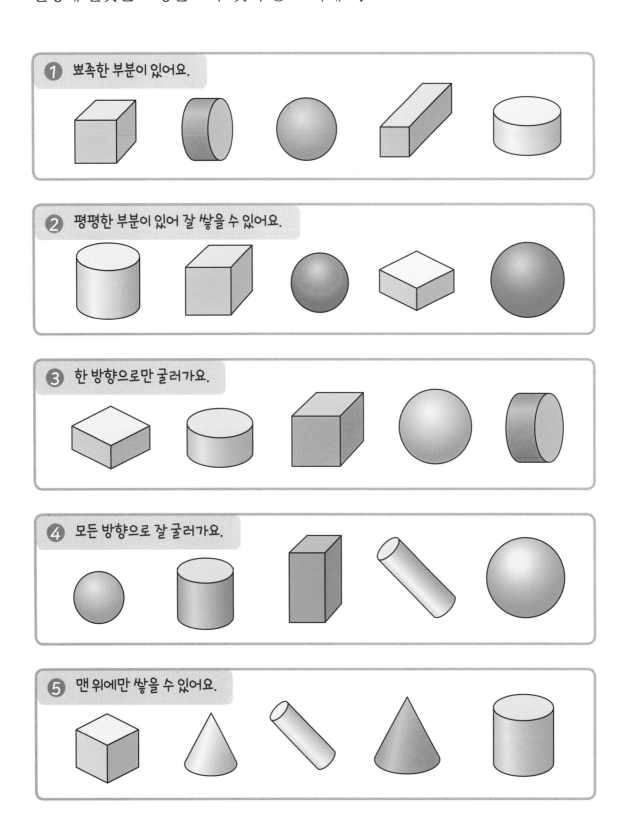

1 뾰족한 부분이 있어요.

2 평평한 부분이 있어 잘 쌓을 수 있어요.

3 한 방향으로만 굴러가요.

4 모든 방향으로 잘 굴러가요.

5 맨 위에만 쌓을 수 있어요.

2 STEP 다른 모양을 찾아요!

특징이 다른 하나를 찾아 ○표 하세요.

❶

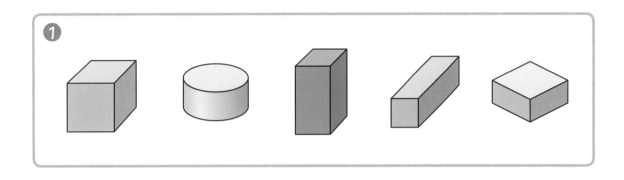

❷

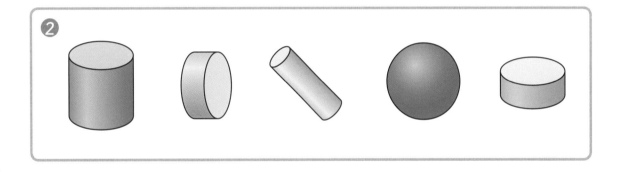

❸

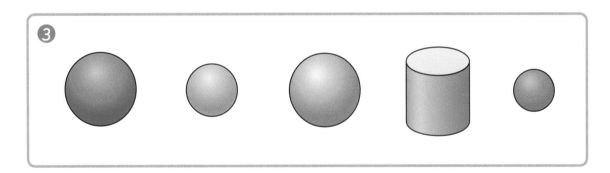

❹

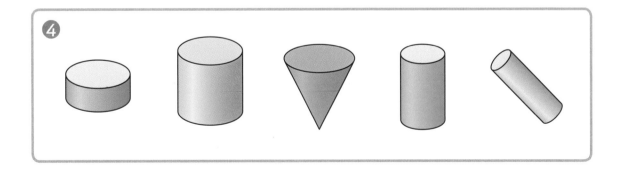

일부분만 보이는 모양을 보고, 전체 모양을 찾아 선으로 이어 보세요.

❶

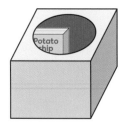　　

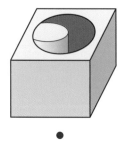　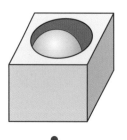　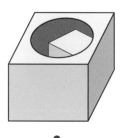

❷

　　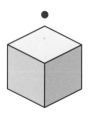

2 STEP 무엇일까요? ②

모양의 부분과 전체

상자 안의 모양과 다른 물건을 찾아 ○표 하세요.

①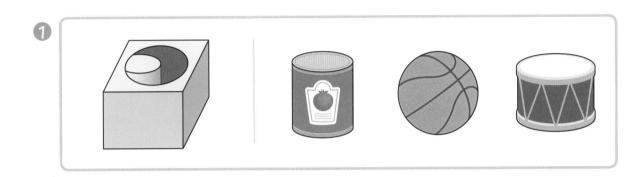

②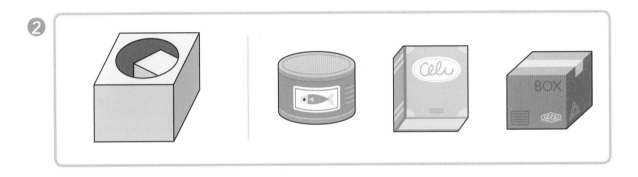

③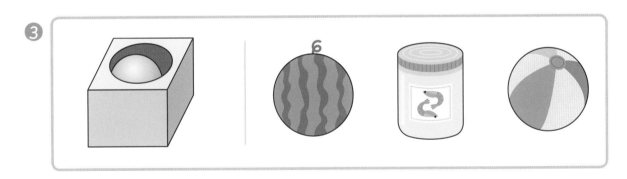

④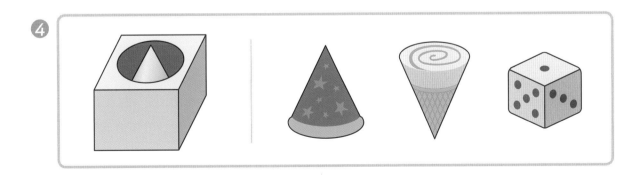

순서대로 놓아요!

왼쪽 모양처럼 만들려면 카드 조각을 어떤 순서로 놓아야 할까요?
알맞은 번호를 써 보세요.

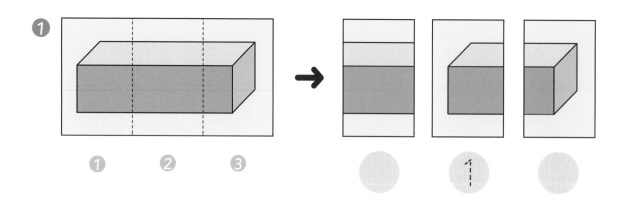

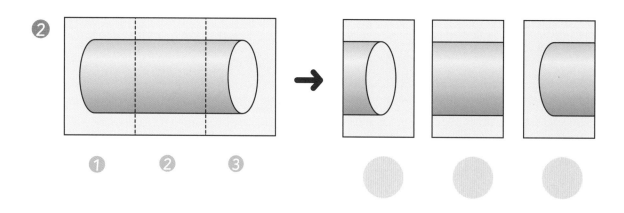

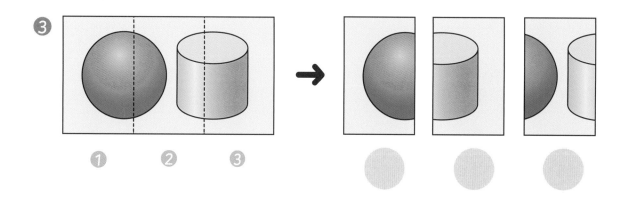

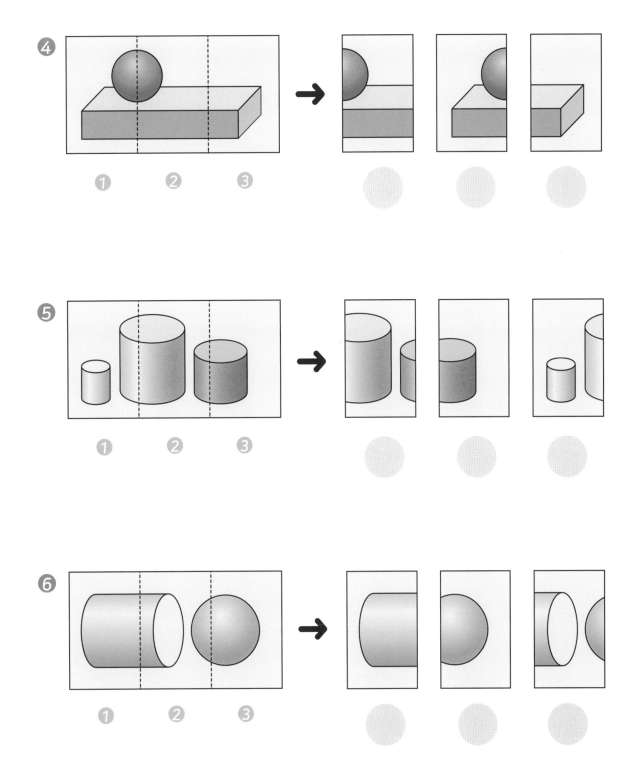

모양을 그려요!

왼쪽 모양을 오른쪽 모눈에 똑같이 그려 보세요.

❶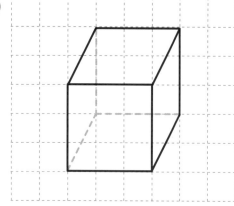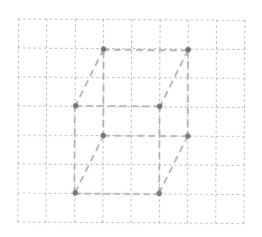

❷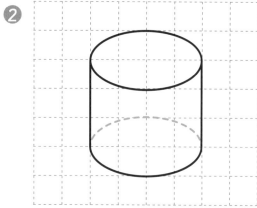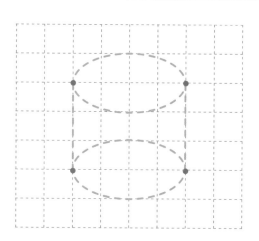

❸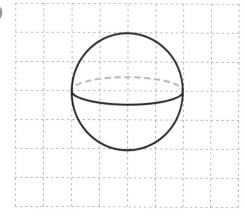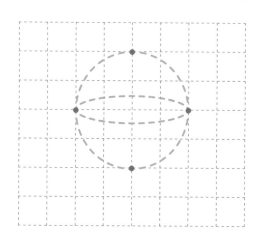

위치 개념 및 공간 지각력

점을 찍고 연결하여 왼쪽 모양을 오른쪽 모눈에 똑같이 그려 보세요.

❹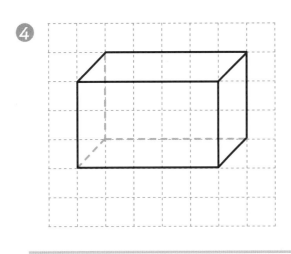

❺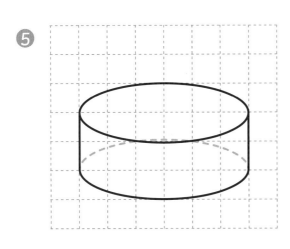

❻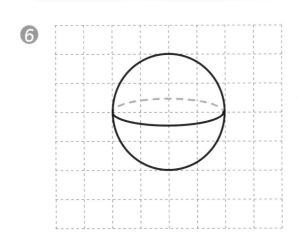

Let's take a break!

나비가 꽃을 찾을 수 있도록 길을 찾아 주세요.

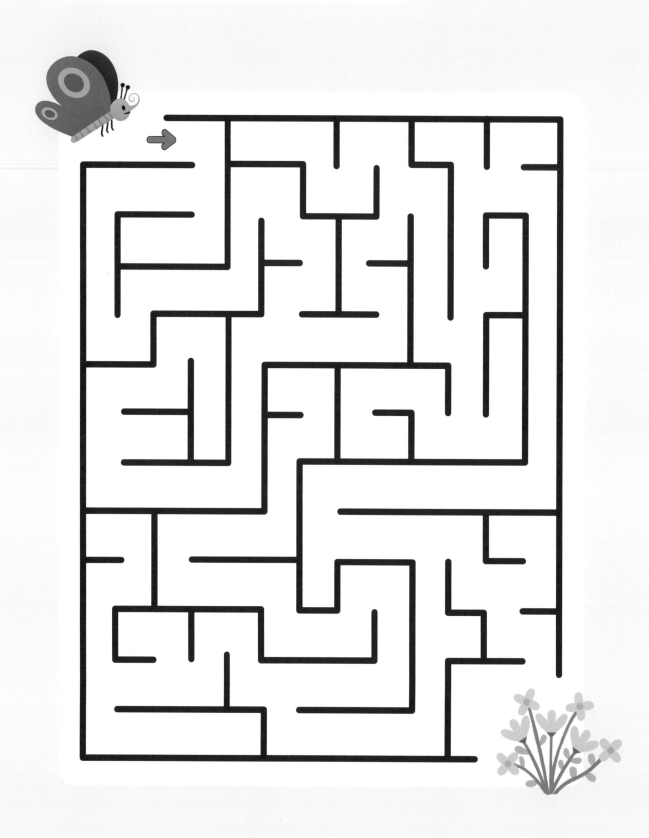

여러 가지 모양을 만들어요

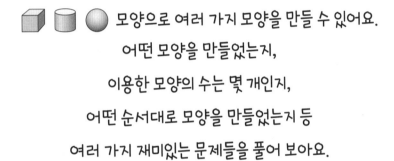 모양으로 여러 가지 모양을 만들 수 있어요.
어떤 모양을 만들었는지,
이용한 모양의 수는 몇 개인지,
어떤 순서대로 모양을 만들었는지 등
여러 가지 재미있는 문제들을 풀어 보아요.

무얼 만들었을까요? ①

모양 구성 및 비교 관찰

왼쪽의 블록을 이용하여 만들 수 있는 모양을 오른쪽에서 찾아 ○표 하세요.

❶

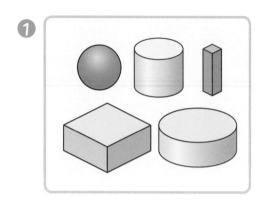   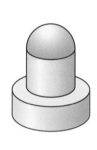   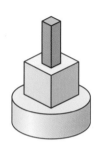   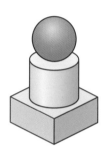

❷

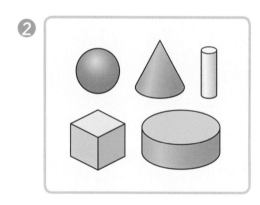      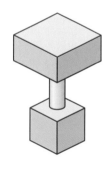   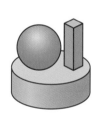

❸

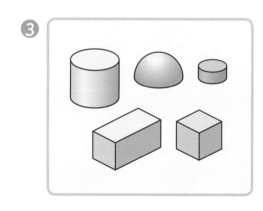   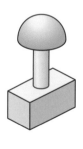   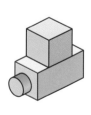   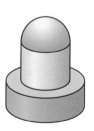

무얼 만들었을까요? ②

모양 구성 및 비교 관찰

주어진 블록을 이용하여 만들 수 있는 모양을 모두 찾아 ○표 하세요.

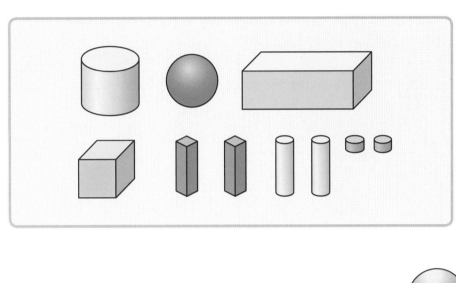

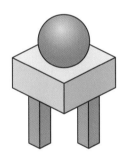

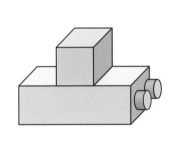

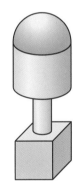

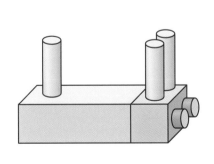

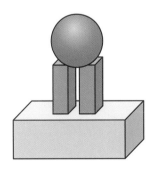

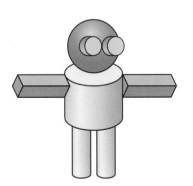

왼쪽의 모양을 만드는 데 쓰인 의 개수를 세어 보세요.

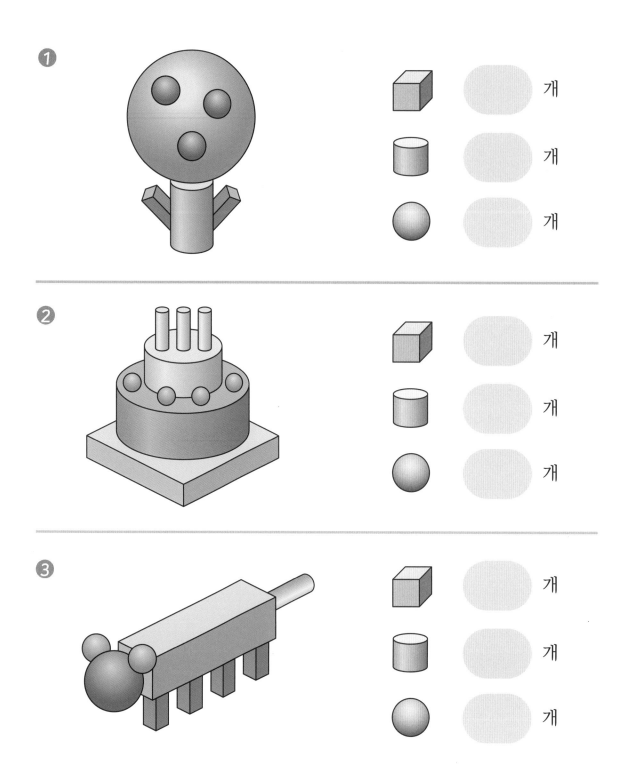

❶

개

개

개

❷

개

개

개

❸

개

개

개

모양 구성 및 수 세기

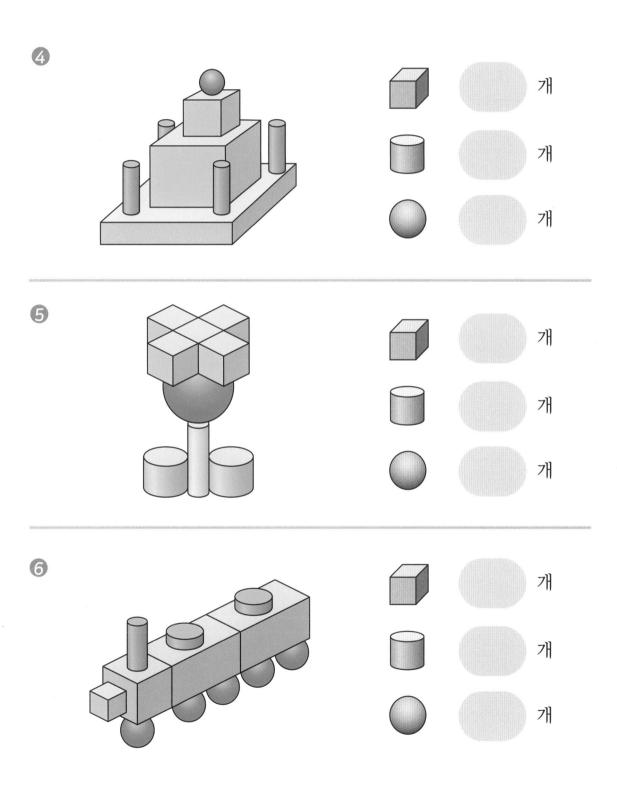

❹

	개
	개
	개

❺

	개
	개
	개

❻

	개
	개
	개

몇 개일까요?

공간 지각력 및 수 세기

왼쪽의 블록을 사용한 개수를 세어 보세요.

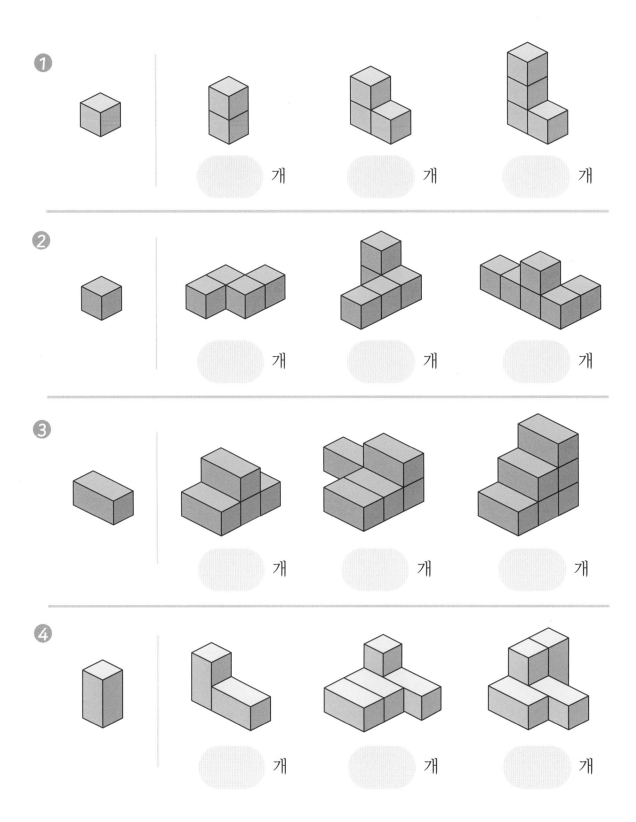

3 STEP 무엇을 만들었을까요?

공간 지각력 및 색 변별

왼쪽 블록을 모두 사용하여 만든 모양을 찾아 선으로 이어 보세요.

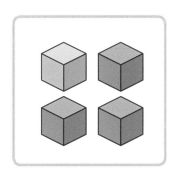 •

•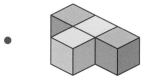

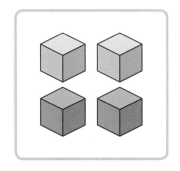 •

•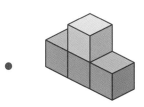

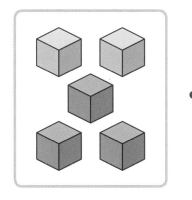 •

•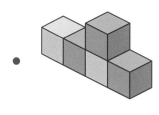

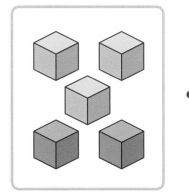 •

•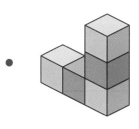

입체 도형 **37**

순서대로 차곡차곡!

순서대로 쌓은 모양으로 알맞은 것을 찾아 ○표 하세요.

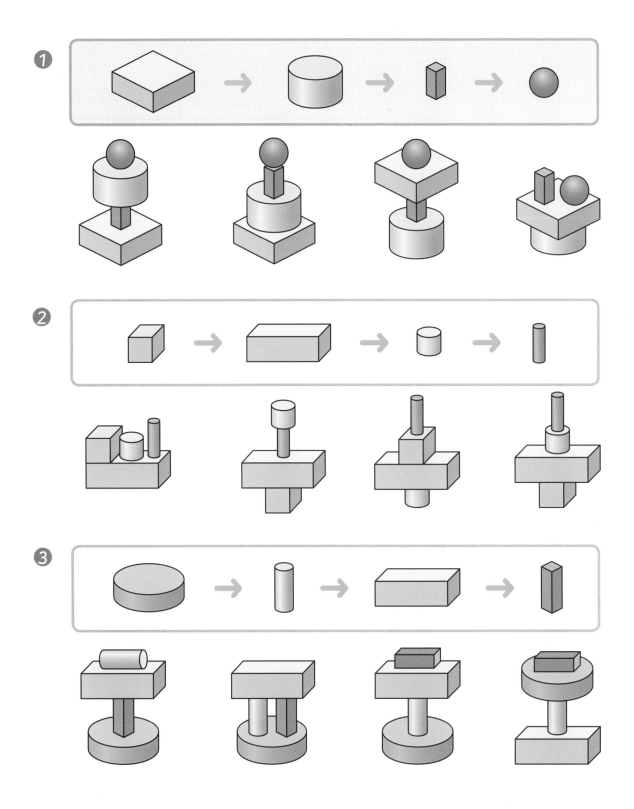

3 STEP 붕붕~ 길을 찾아 주세요!

모양 구성 및 순서 변별

모양을 쌓은 순서대로 따라가 꿀벌에게 길을 찾아 주세요!

쌓은 순서대로
따라가면
길을 찾을 수 있어!

출발

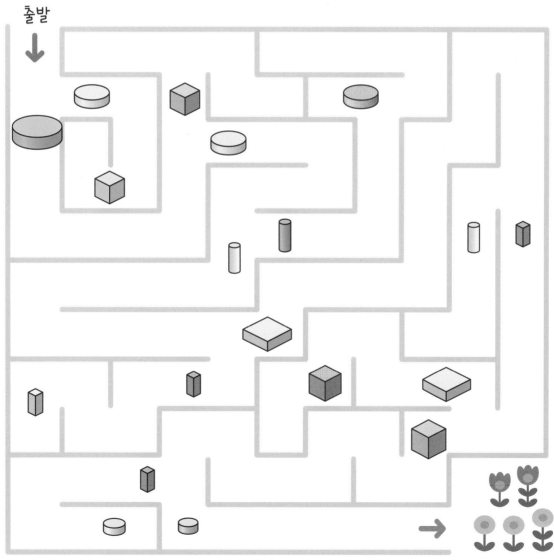

무슨 색으로 칠할까요?

모양 및 색 변별

아래의 모양들을 알맞은 색으로 칠해 보세요.

3 STEP 옮긴 블록을 찾아요!

위치 관찰 및 공간 지각력

주어진 모양에서 블록을 1개만 옮겨서 여러 가지 모양을 만들었어요.
옮긴 블록을 찾아 ○표 하세요.

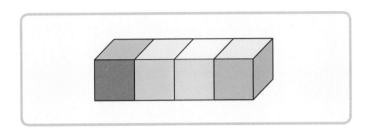

내가 움직였지!

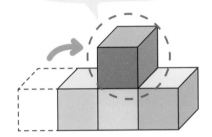

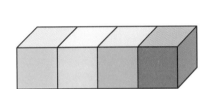

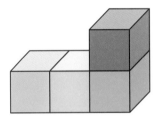

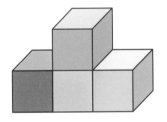

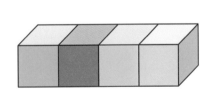

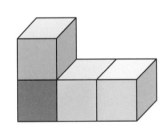

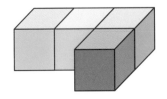

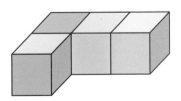

3 STEP 따라 그려요! ①

왼쪽 모양을 보고 오른쪽에 똑같이 따라 그려 보세요.

❶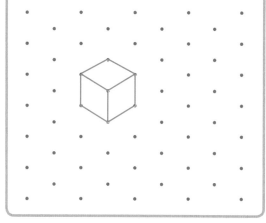

❷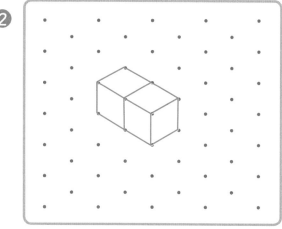

❸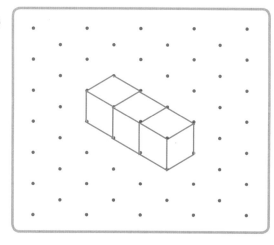

위치 및 공간 지각력

④

⑤

⑥

따라 그려요! ②

왼쪽 모양을 보고 오른쪽에 똑같이 따라 그려 보세요.

①

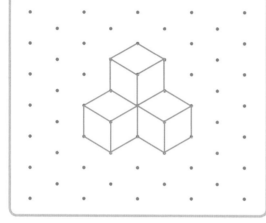

②

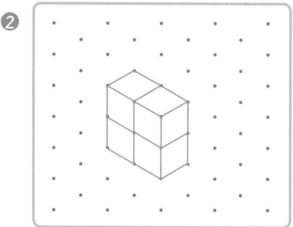

③

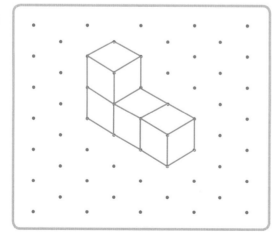

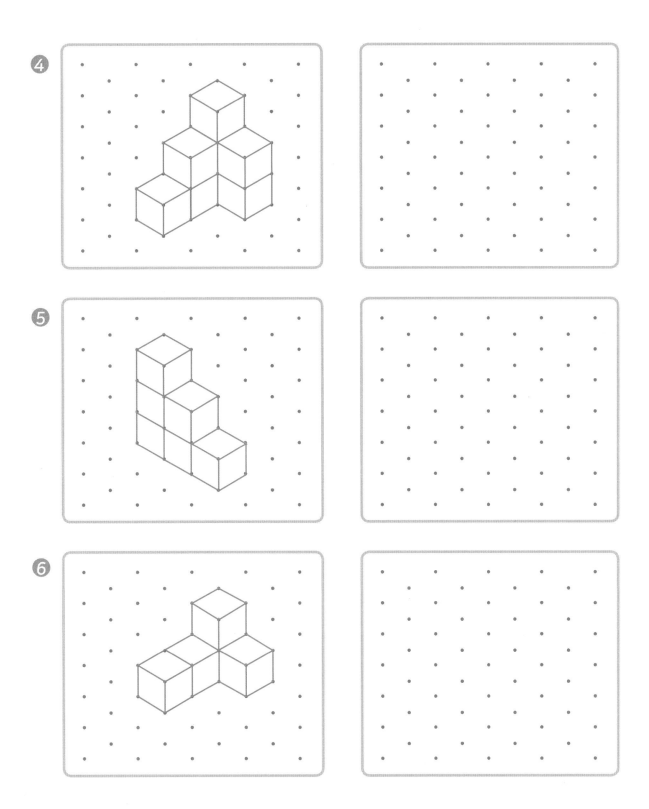

Let's take a break!

양이 친구 돼지를 만날 수 있도록 길을 찾아 주세요.

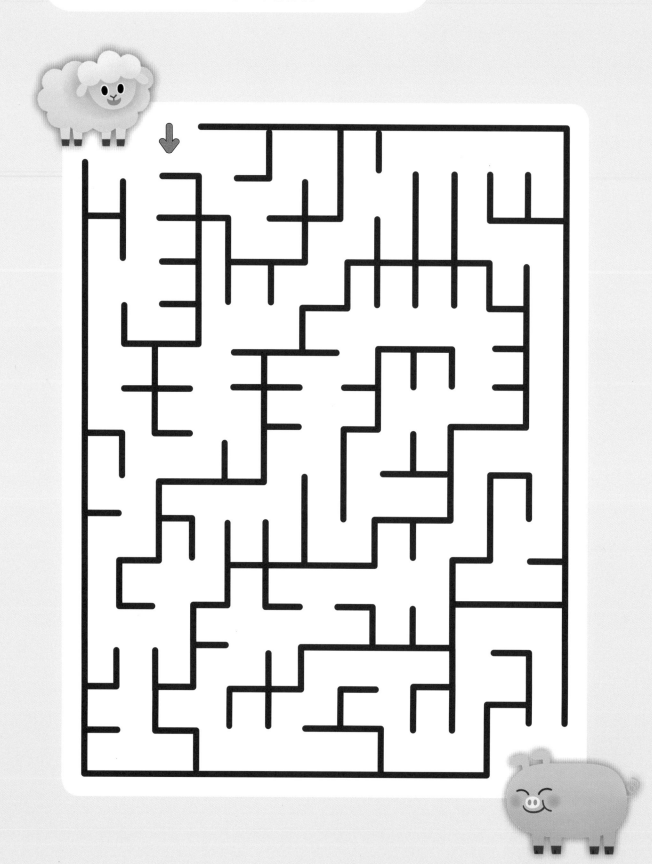

여러 방향에서 모양을 보아요

모양을 위에서 바라보면 어떻게 보일까요?

또 앞이나 옆에서 바라보면 어떻게 보일까요?

모양을 여러 방향에서 바라보며

시각에 따라 다르게 보이는 모양을 알아보아요.

위에서 보아요!

왼쪽 블록을 위에서 본 모양을 찾아 ○표 하세요.

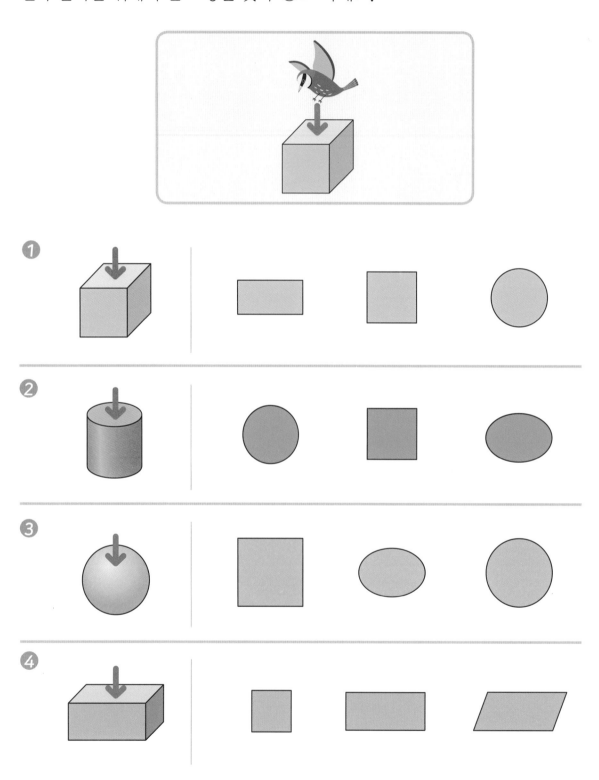

앞에서 보아요!

앞에서 본 모양 유추

왼쪽 블록을 앞에서 본 모양을 찾아 ○표 하세요.

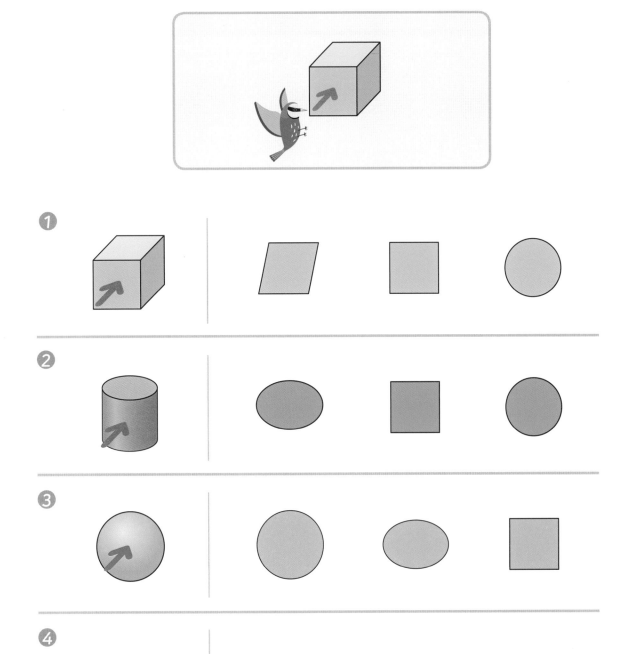

옆에서 보아요!

왼쪽 블록을 옆에서 본 모양을 찾아 ○표 하세요.

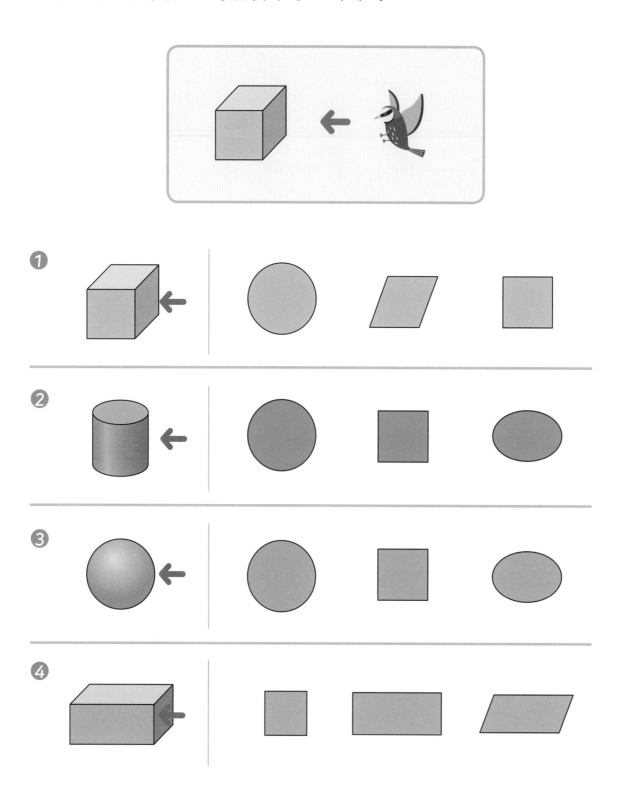

4 STEP 무엇일까요?

위, 앞, 옆에서 본 모양을 보고 알맞은 모양을 찾아 선으로 이어 보세요.

위   앞   옆

     •   •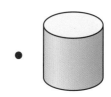

위   앞   옆

 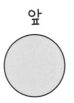 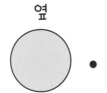   •   •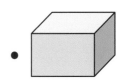

위   앞   옆

 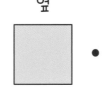   •   •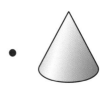

위   앞   옆

  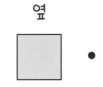   •   •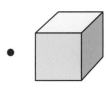

위   앞   옆

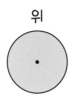  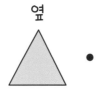   •   •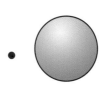

그림자를 찾아요! ①

블록의 그림자를 찾아 ○표 하세요.

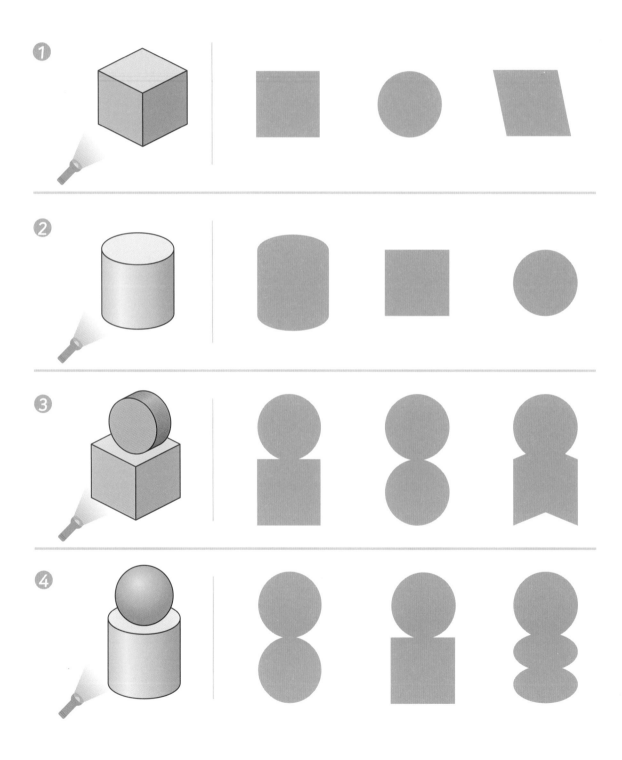

그림자를 찾아요! ②

모양의 그림자 유추

쌓은 블록의 그림자를 찾아 ○표 하세요.

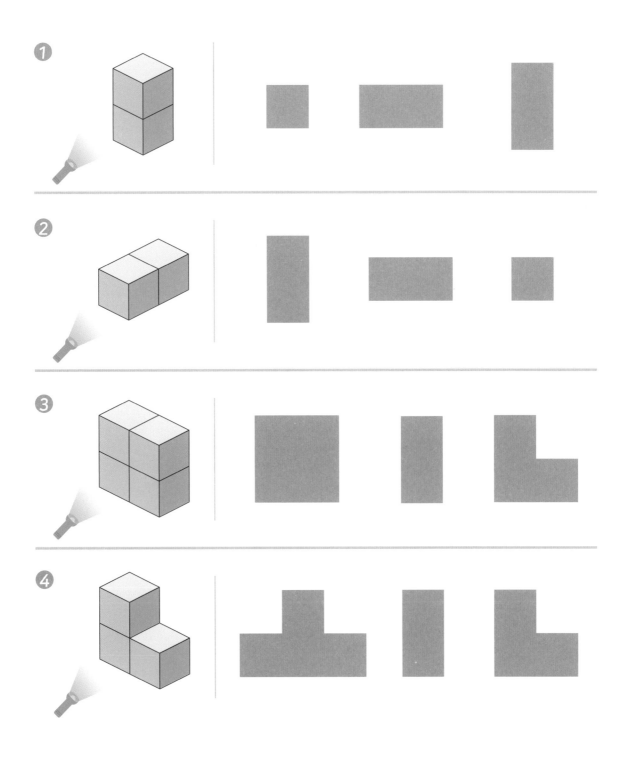

그림자를 찾아요! ③

쌓은 블록의 그림자를 찾아 ○표 하세요.

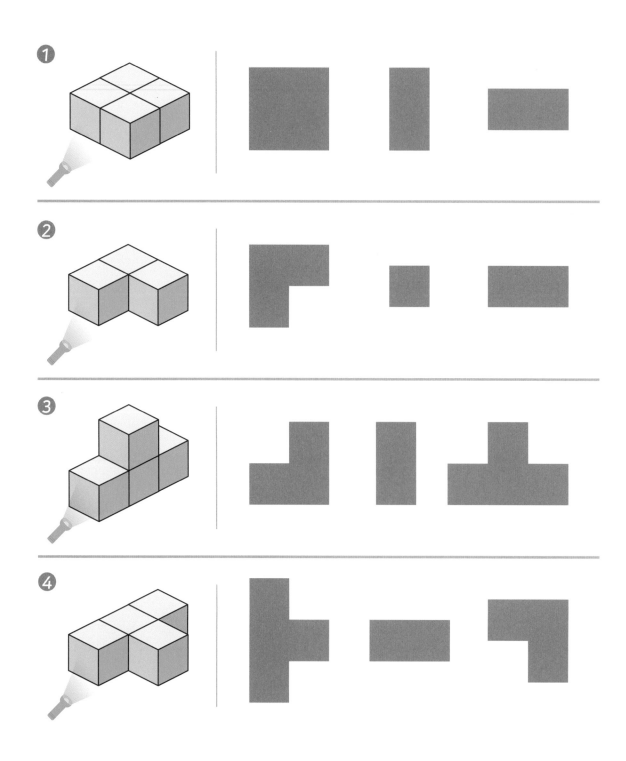

모양의 그림자 유추

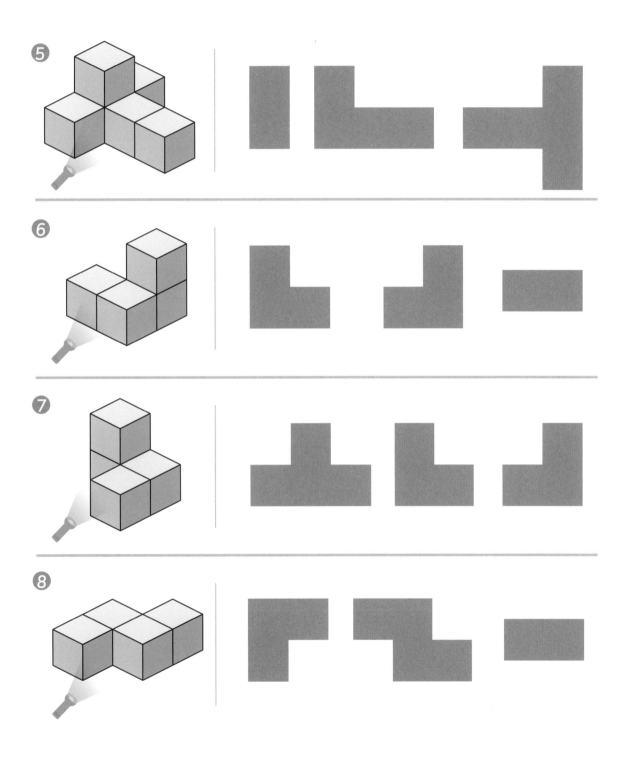

모눈에 그려요! ①

위와 앞에서 본 모양을 모눈 위에 그려 보세요.

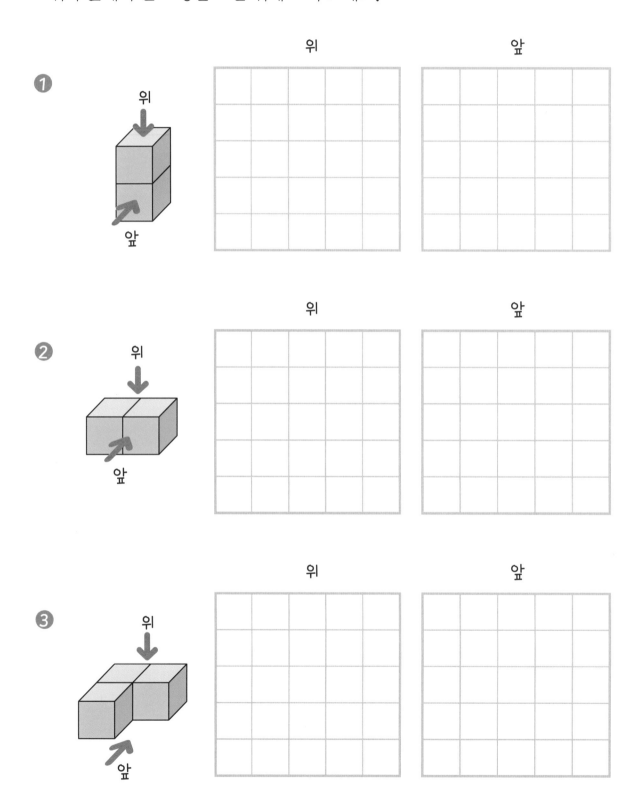

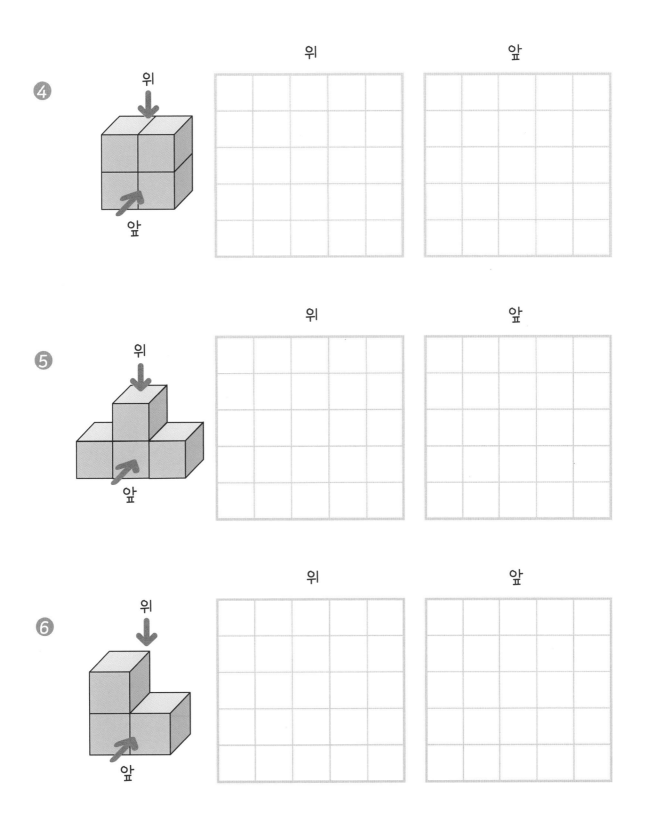

위   앞

위   앞

위   앞

4 STEP 모눈에 그려요! ②

위와 앞에서 본 모양을 모눈 위에 그려 보세요.

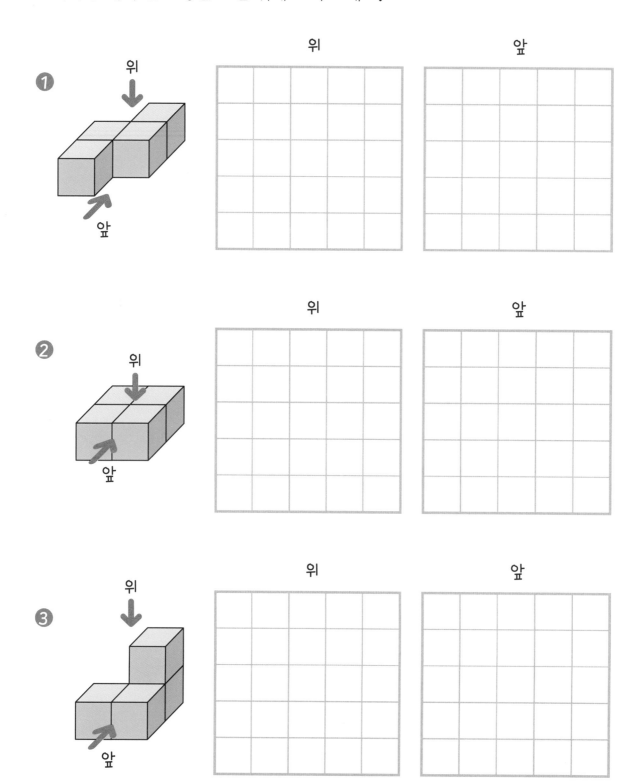

① 위

앞

② 위

앞

③ 위

앞

위 · 앞

위 · 앞

위 · 앞

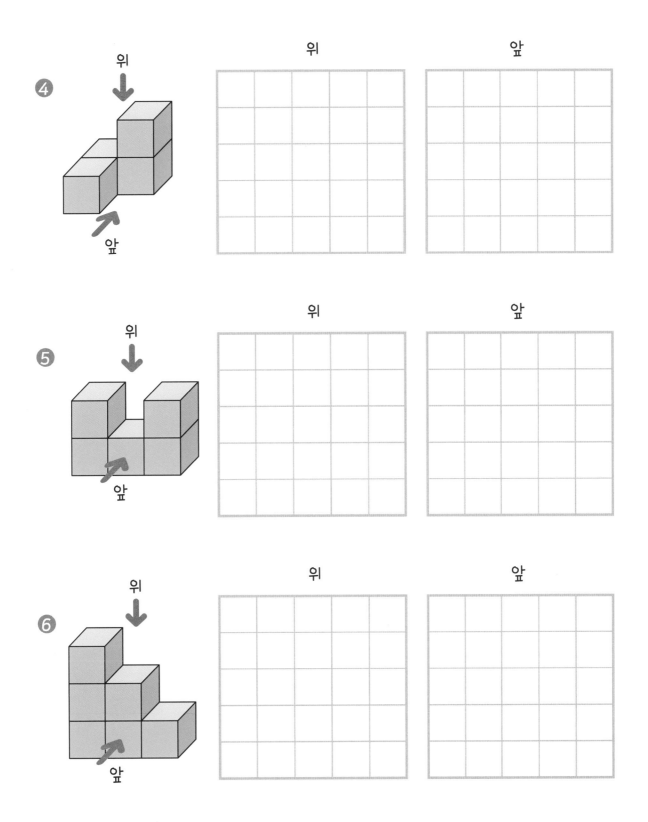

④

위

앞

위

앞

⑤

위

앞

위

앞

⑥

위

앞

위

앞

모양을 내려다보아요!

STEP

윈쪽의 모양을 위에서 본 모양을 찾아 ○표 하세요.

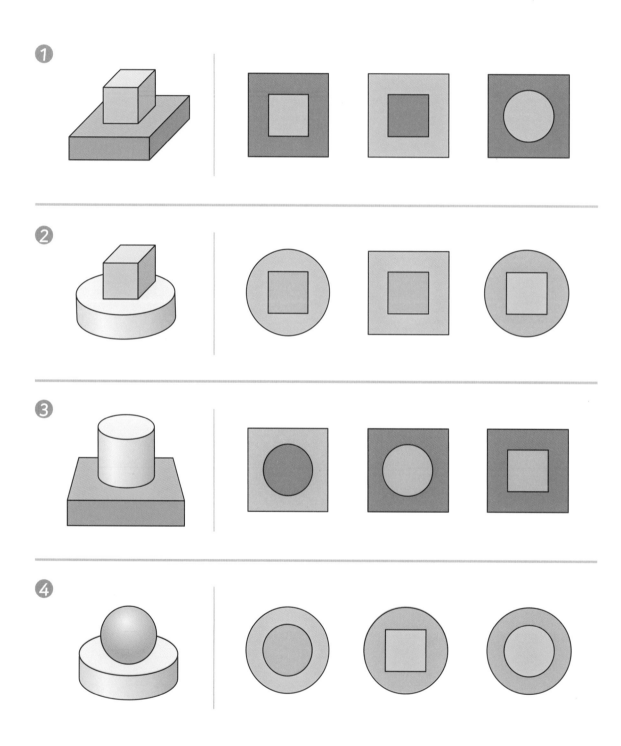

공간 조망력 및 모양 유추

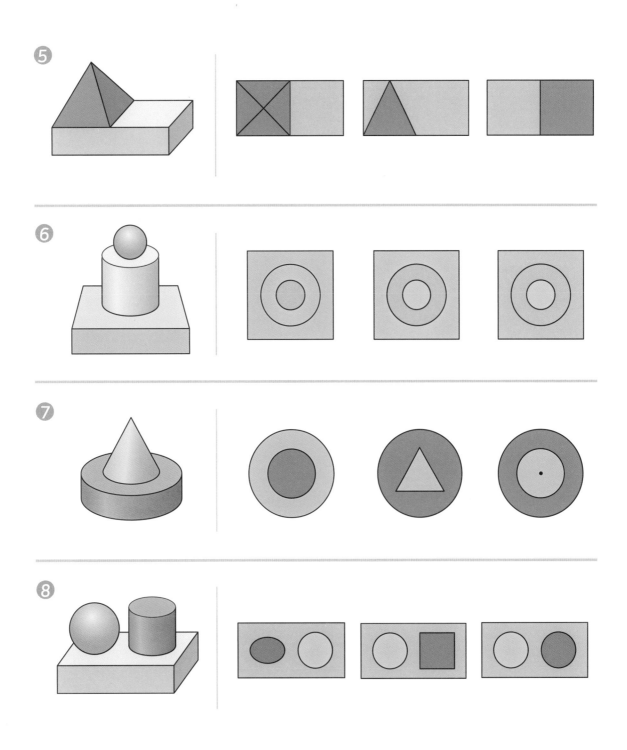

성을 내려다보아요!

위에서 내려다본 모양을 찾아 선으로 이어 보세요.

❶

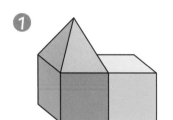
·

·

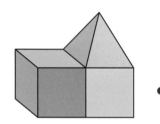
·

·

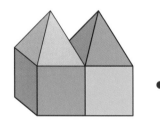
·

·
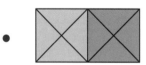

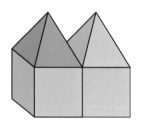
·

·
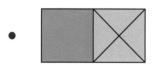

공간 조망력 및 모양 유추

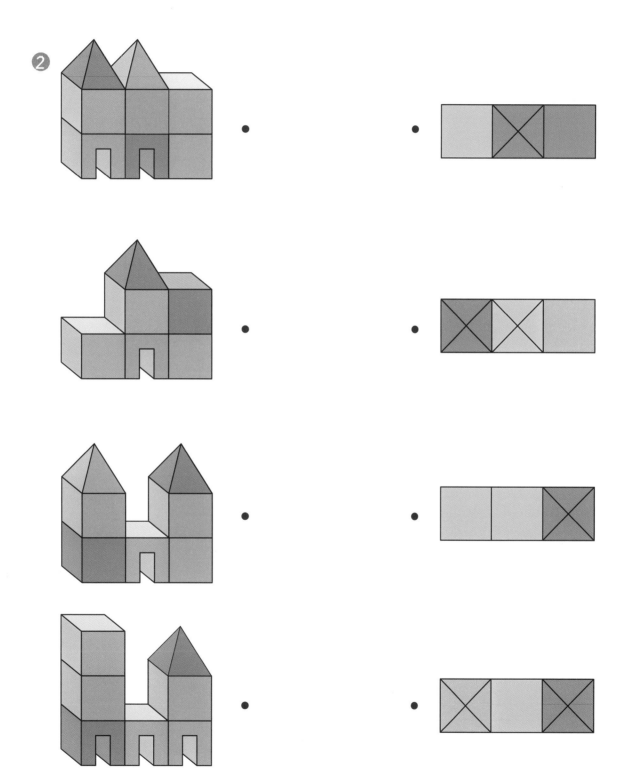

4 STEP 위에서 보아요!

위에서 내려다본 모양을 찾아 선으로 이어 보세요.

❶

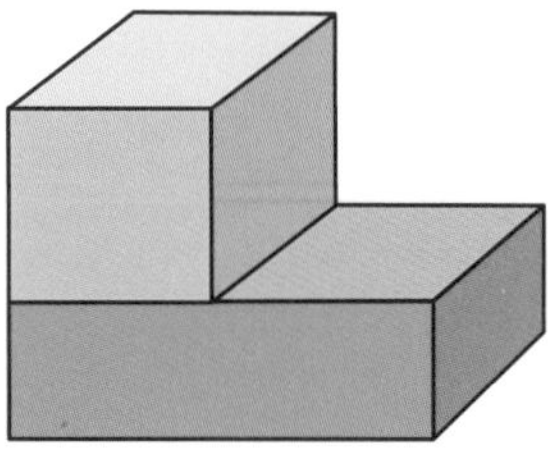 • • 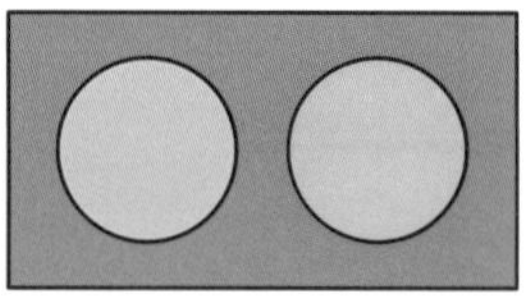

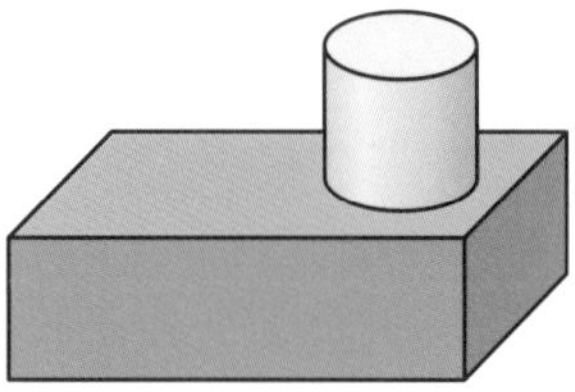 • • 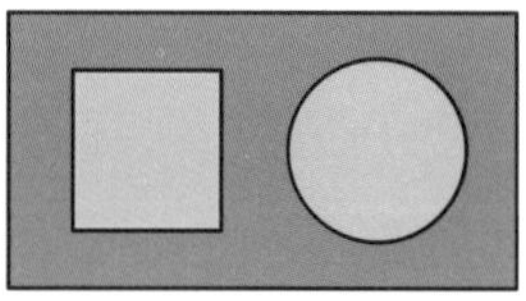

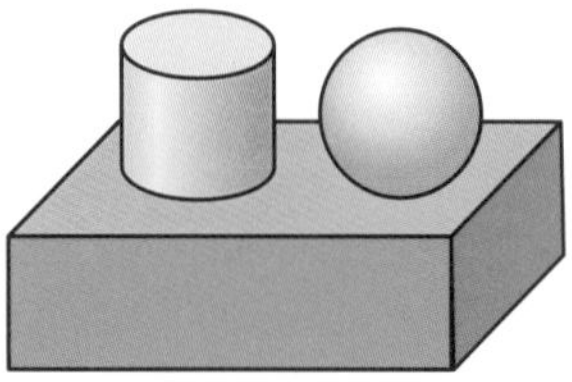 • • 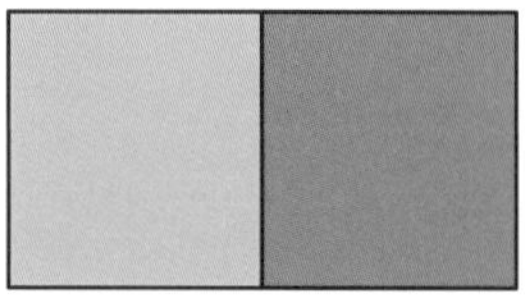

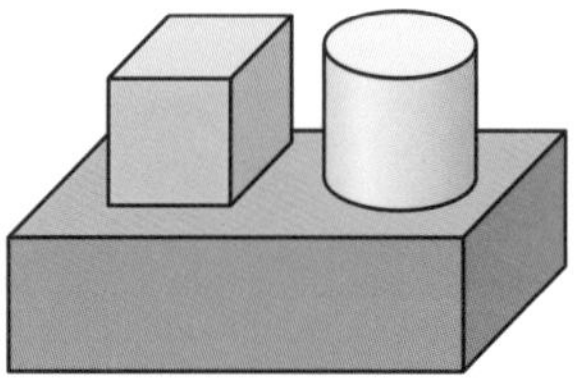 • • 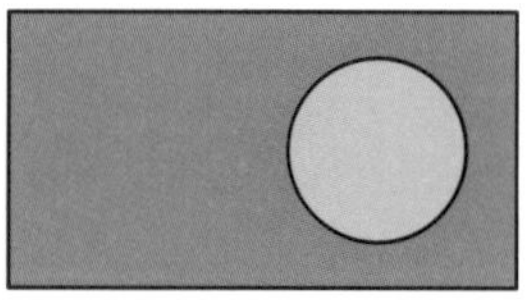

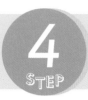

❷

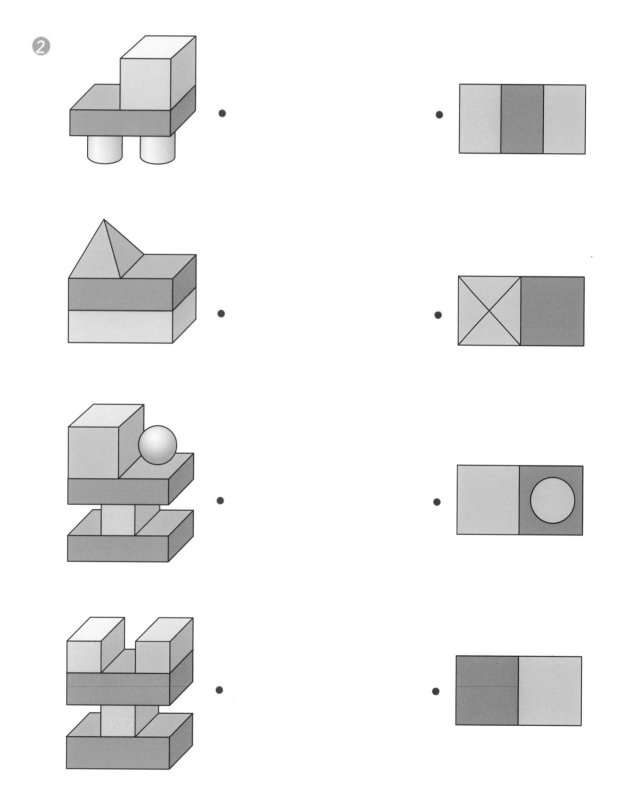

어떤 모양이 만들어질까요? 입체 도형의 전개도 이해

왼쪽처럼 종이를 접으면 어떤 모양이 만들어질까요? 알맞은 모양을 찾아
선으로 이어 보세요.

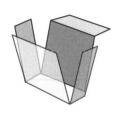

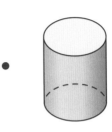

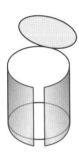

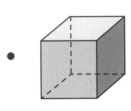

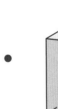

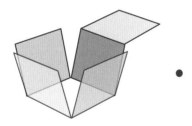

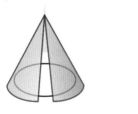

전개도를 찾아보아요!

입체 도형의 전개도 이해

왼쪽 모양이 만들어질 수 있는 전개도를 찾아 알맞게 선으로 이어 보세요.

 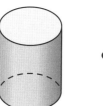

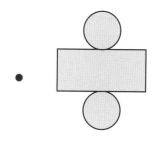

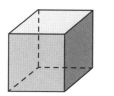 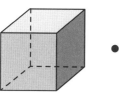 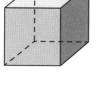

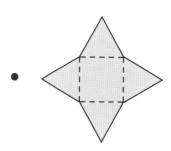

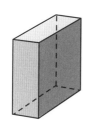

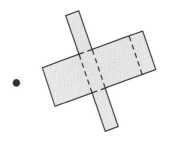

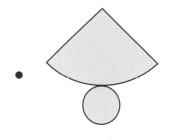

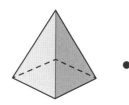

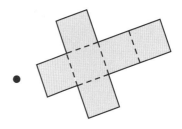

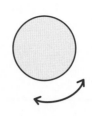

초등 수학 1-1

2. 여러 가지 모양

- 여러 가지 모양 찾아보기
- 여러 가지 모양 알아보기
- 여러 가지 모양 만들기

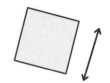

초등 수학 1-2

3. 여러 가지 모양
- 여러 가지 모양 찾아보기
- 여러 가지 모양 알아보기
- 여러 가지 모양 꾸미기

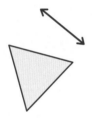

여러 가지 모양을
찾아보아요!

모양의 특징을
알아보아요!

STEP 1

STEP 2

2

평면 도형

반듯반듯 창문은 ☐ 모양, 댕댕 트라이앵글은 △ 모양,
그리고 동글동글 단추는 ◯ 모양이에요.
우리 주변에 있는 여러 모양의 물건들을 관찰하고,
같은 모양끼리 모으고, 모양이 가진 특징을 알아보면서
평면 도형에 대한 기초 개념을 알고, 직관적 통찰력을 기르며,
공간 감각 능력을 키울 수 있어요.

모양을 꾸미고
모양의 속성을 알아보아요!

넓이, 대칭 등 다양한
문제에 도전해 보아요!

STEP 3

STEP 4

바실리 칸딘스키 「노랑 빨강 파랑」

그림에 여러 가지 모양들이 있어요.

그림에서 ⬜ △ ◯ 모양을 찾아보세요.

여러 가지 모양을 찾아보아요

우리 주변에는 어떤 모양의 물건들이 있을까요?

□ △ ○ 모양을 닮은 물건들을 찾아보고,

□ △ ○ 모양에 대해 알아보아요.

STEP1

같은 모양을 찾아요! ①

모양 관찰 및 탐색

왼쪽의 물건과 같은 모양을 찾아 ○표 하세요.

1

2

3

4

같은 모양을 찾아요! ②

모양 관찰 및 탐색

왼쪽의 모양과 같은 물건을 찾아 ○표 하세요.

①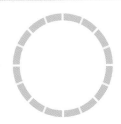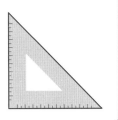

②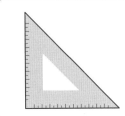

③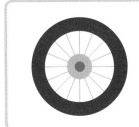

④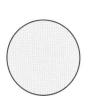

어디에 담을까요?

모양 인지 및 분류

모양이 같은 물건끼리 모았어요. 어느 바구니에 담아야 할지 알맞게 선으로
이어 보세요.

①

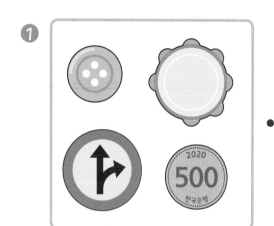

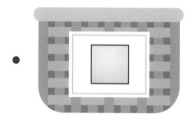

②

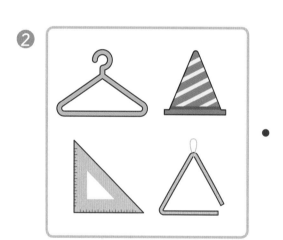

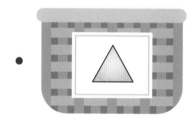

③

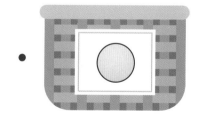

같은 모양끼리

모양이 같은 것끼리 선으로 이어 보세요.

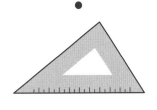

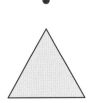

세어 보아요!

그림에서 ☐ △ ◯ 모양의 개수를 세어 빈칸에 써 보세요.

①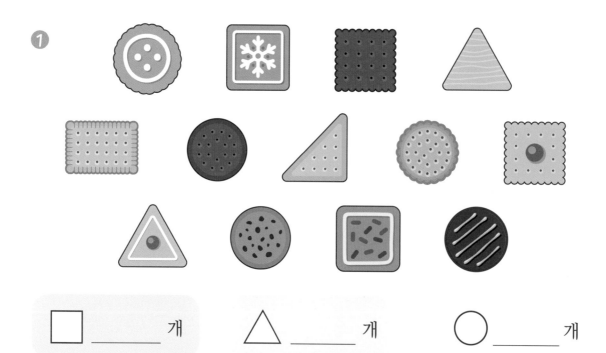

☐ _____ 개   △ _____ 개   ◯ _____ 개

②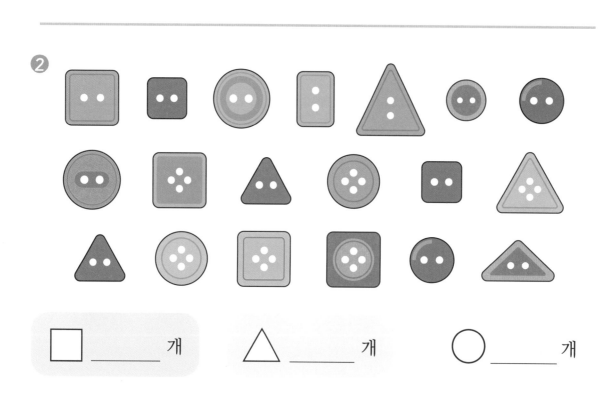

☐ _____ 개   △ _____ 개   ◯ _____ 개

1 STEP 본떠 보아요!

물건의 밑면을 본뜨면 나오는 모양을 찾아 선으로 이어 보세요.

 •

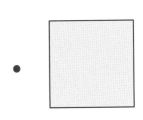 •

 •

 •

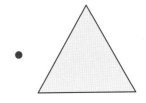 •

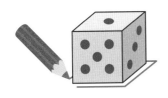 •

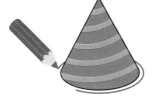 •

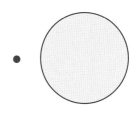 •

 •

① 블록에 물감을 묻혀 종이에 찍었을 때 나오는 모양을 찾아 선으로 이어 보세요.

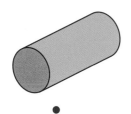 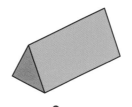 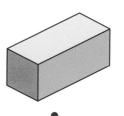

---

② 블록의 바닥에 물감을 묻혀 찍으면 나오는 모양을 찾아 선으로 이어 보세요.

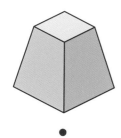  

  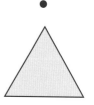

콩콩 찍어요! ②

찍은 모양 유추

3개의 블록에 물감을 묻혀 찍었더니 모두 같은 모양이 나왔어요.
알맞게 선으로 이어 보세요.

①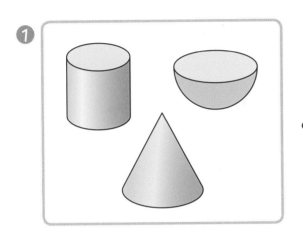

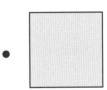

②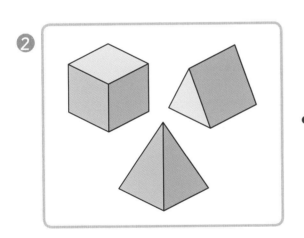

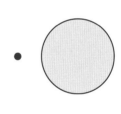

③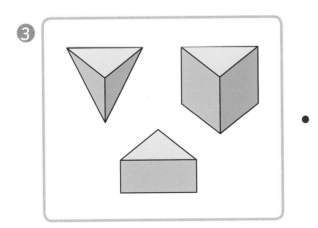

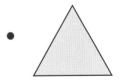

Let's take a break!

젖소가 농장에 갈 수 있도록 길을 찾아 주세요.

모양의 특징을 알아보아요

뾰족뾰족 뾰족한 부분을 가진 것은 어떤 모양일까요?

반듯반듯 반듯한 선으로 둘러싸인 모양은 어떤 것일까요?

□ △ ○ 모양을 잘 관찰해 보며,

각 모양이 가진 특징에 대해 알아보아요.

STEP 2

반듯한 선을 찾아요!

각 모양을 살펴보고 몇 개의 반듯한 선으로 둘러싸여 있는지 수를 세어 보세요.

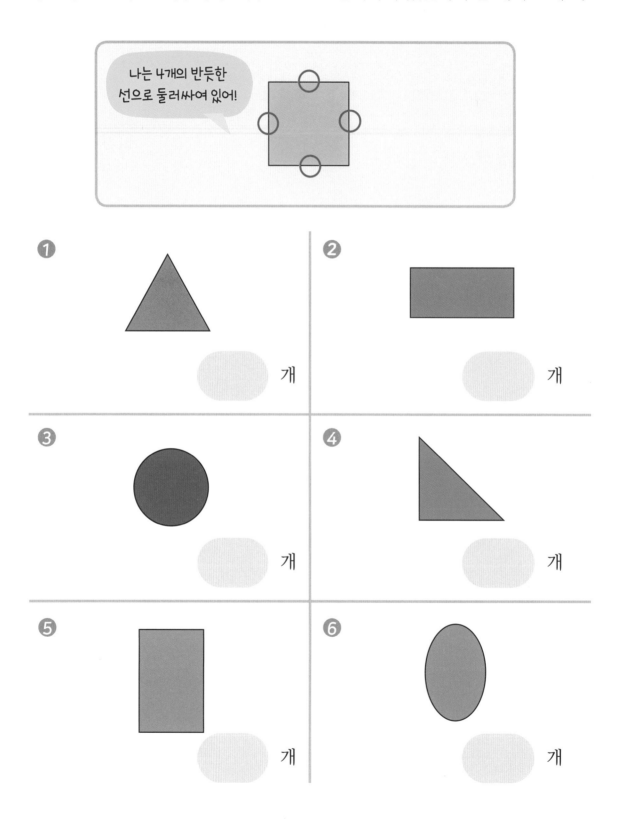

나는 4개의 반듯한 선으로 둘러싸여 있어!

❶ 　　　　　개

❷ 　　　　　개

❸ 　　　　　개

❹ 　　　　　개

❺ 　　　　　개

❻ 　　　　　개

뽀족한 부분을 찾아요!

모양의 특징 관찰

각 모양을 살펴보고 뽀족한 부분을 찾아 수를 세어 보세요.

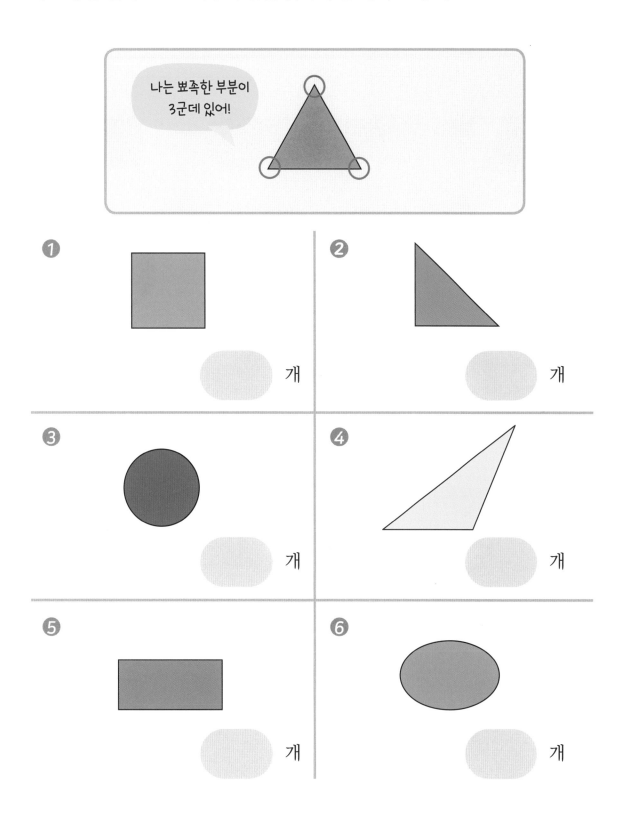

나는 뽀족한 부분이
3군데 있어!

❶ 　　　　　　　　　개

❷ 　　　　　　　　　개

❸ 　　　　　　　　　개

❹ 　　　　　　　　　개

❺ 　　　　　　　　　개

❻ 　　　　　　　　　개

알맞은 모양을 찾아요!

설명에 알맞은 모양을 모두 찾아 ○표 하세요.

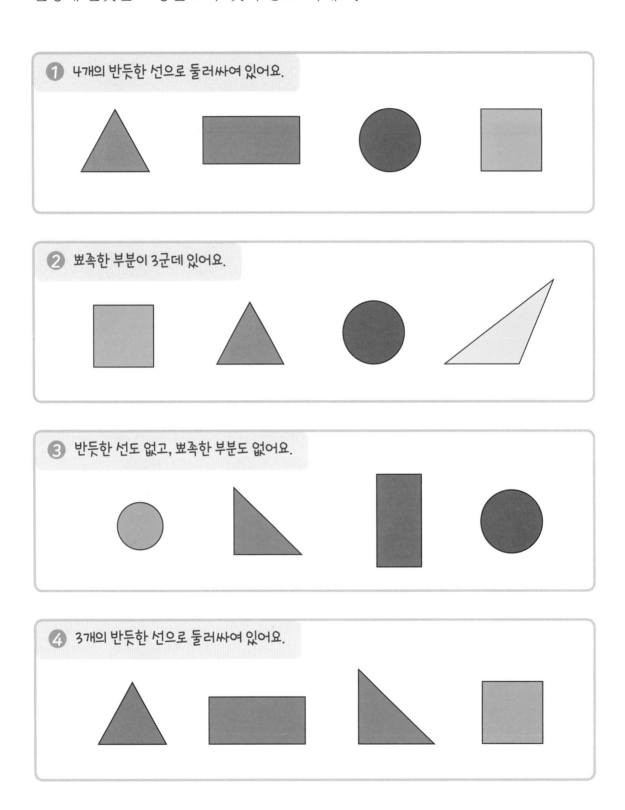

① 4개의 반듯한 선으로 둘러싸여 있어요.

② 뾰족한 부분이 3군데 있어요.

③ 반듯한 선도 없고, 뾰족한 부분도 없어요.

④ 3개의 반듯한 선으로 둘러싸여 있어요.

다른 하나를 찾아요!

모양의 특징 변별

특징이 다른 하나를 찾아 ○표 하세요.

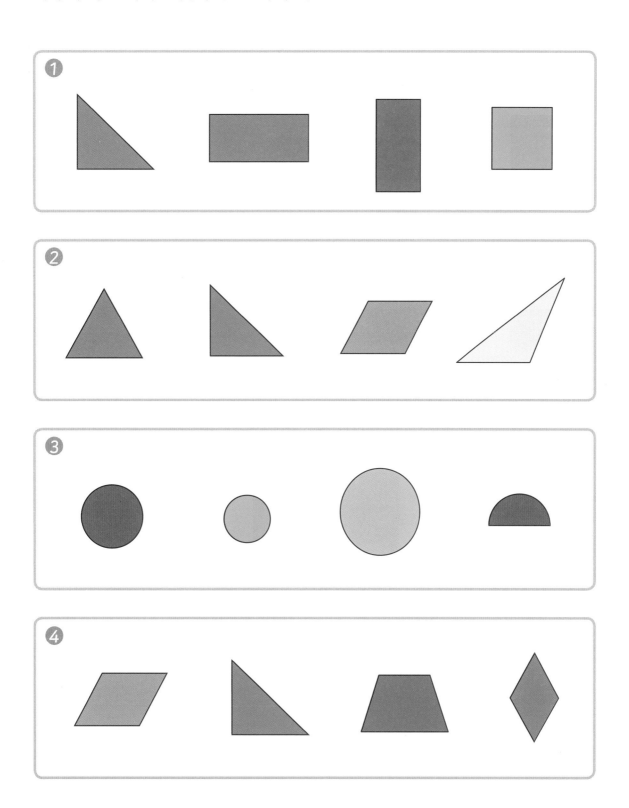

끼리끼리 묶어요!

같은 모양끼리 선으로 이어 보세요.

①

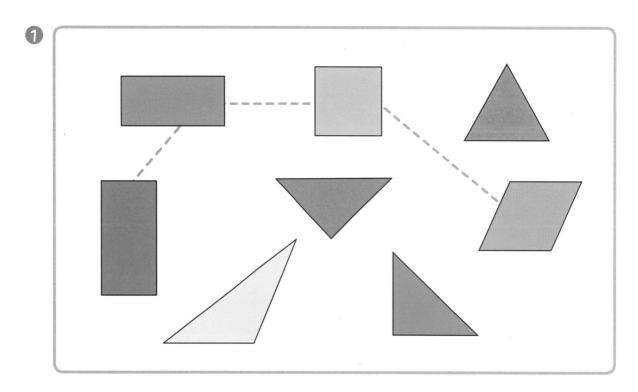

②

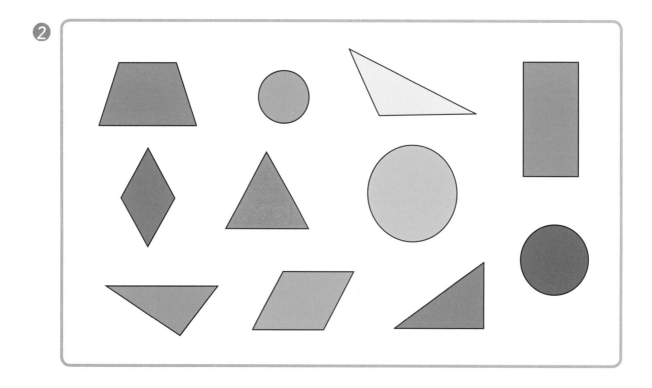

모양을 그려요! ①

도형의 특징 알고 그리기

❶ 점판 위에 모양을 따라 그려 보세요.

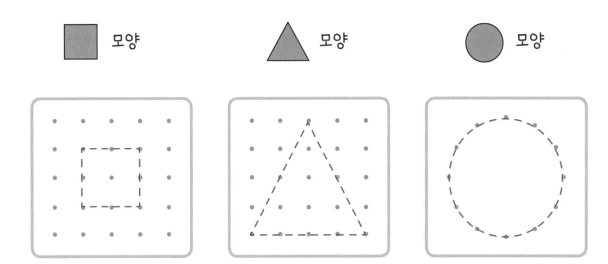

❷ 점판 위에 □ △ ○ 모양을 그려 보세요.

모양을 그려요! ②

❶ 3개의 점을 연결하여 여러 가지 △ 모양을 그려 보세요.

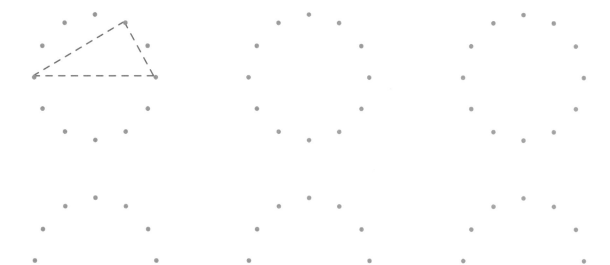

❷ 4개의 점을 연결하여 여러 가지 ☐ 모양을 그려 보세요.

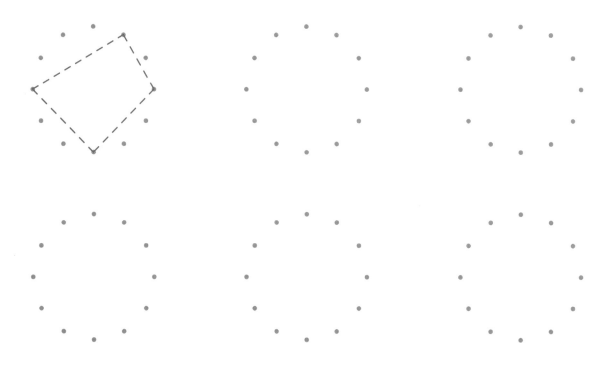

2 STEP 나누어 보아요!

도형의 분할

① 주어진 □ 모양에 1개의 선을 그려 2개의 △ 모양을 만들어 보세요.

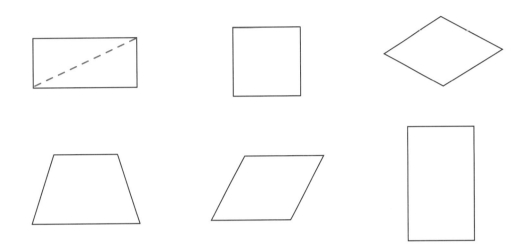

② 점판 위에 여러 가지 □ △ 모양을 그려 보세요.

겹쳐친 모양을 찾아요!

STEP 2

그림자를 살펴보고, 겹쳐친 2개의 모양을 찾아 ○표 하세요.

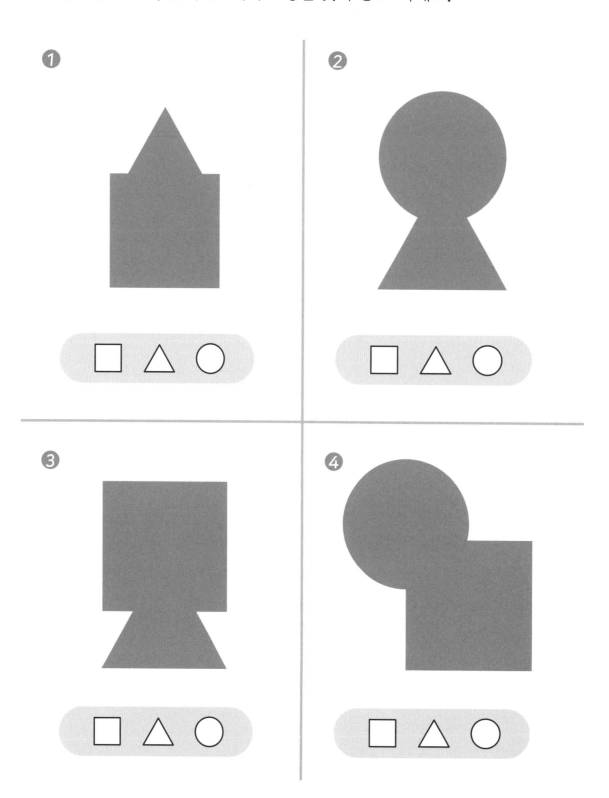

❶ □ △ ○

❷ □ △ ○

❸ □ △ ○

❹ □ △ ○

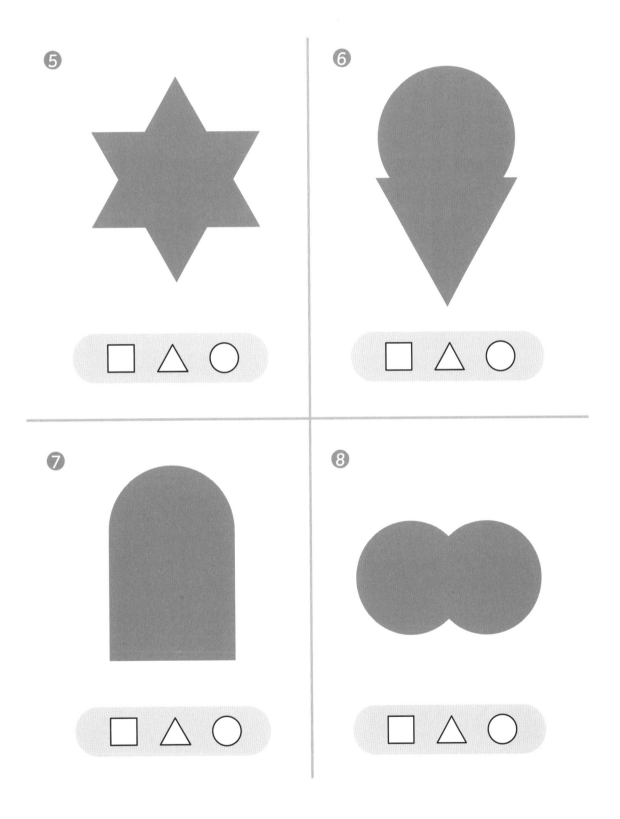

어떤 모양일까요?

동그라미 안에 알맞은 모양의 번호를 써 보세요.

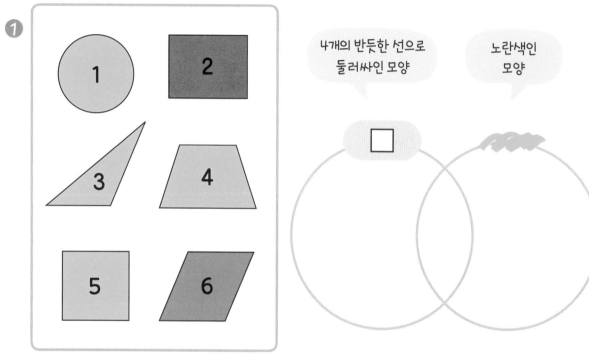

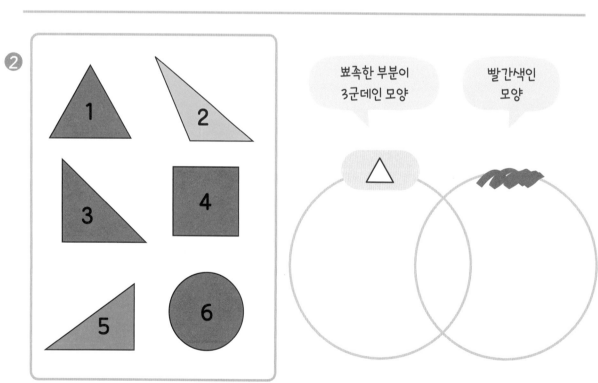

모양 특징에 따른 분류 및
집합 개념의 이해

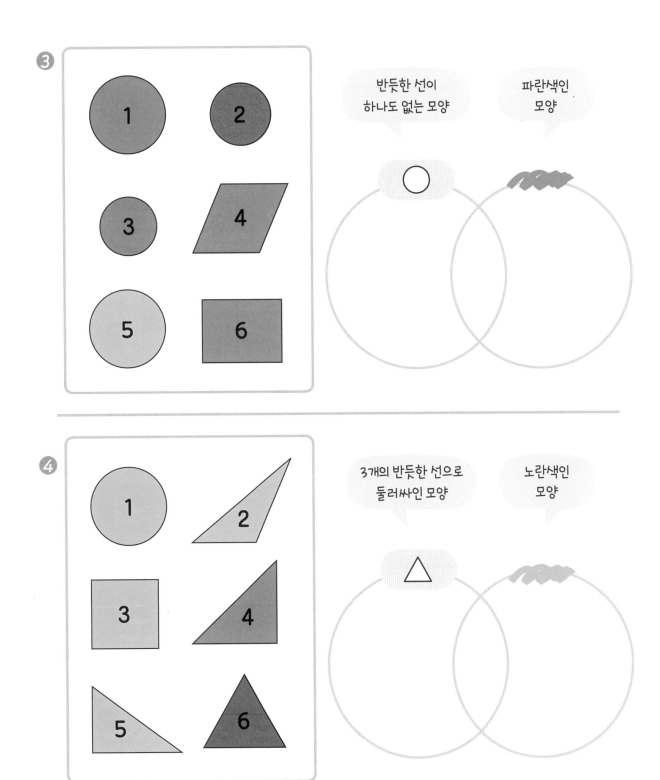

소방차가 불 난 집에 빨리 갈 수 있도록 길을 찾아 주세요.

모양 꾸미기와 모양의 속성

□ △ ◯ 모양으로 여러 가지 모양을 만들 수 있어요.
어떤 모양을 만들었는지,
이용한 모양의 수는 몇 개인지 등을 풀어 보고,
또 각 모양의 형태, 색, 크기 등
속성에 대해서도 알아보아요.

STEP 3

3 STEP 모양을 색칠해요!

□ △ ○ 모양을 찾아 알맞은 색으로 칠해 보세요.

❶
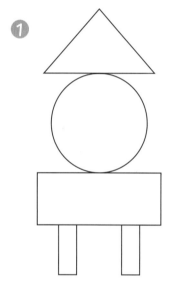

❷
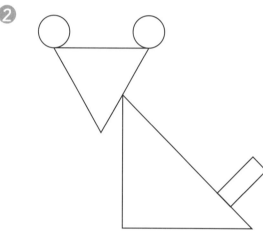

❸
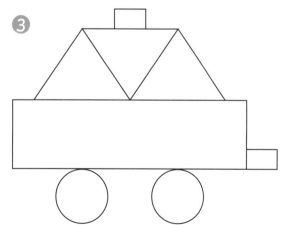

❹
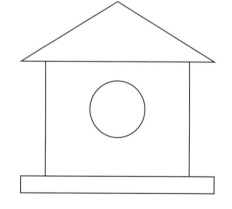

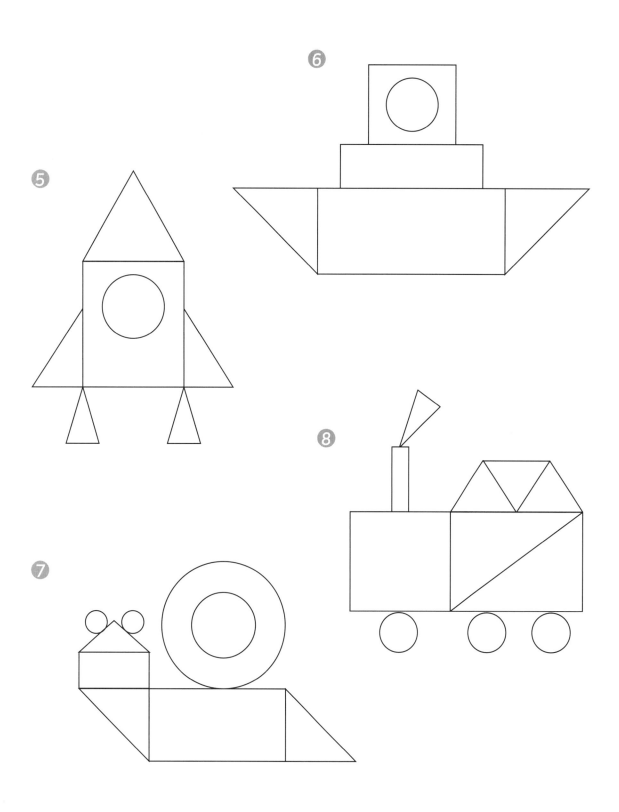

세어 보아요!

모양을 꾸미는 데 이용한 모양의 개수를 세어 보세요.

①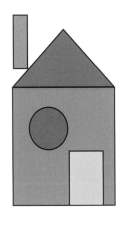

□   개

△   개

○   개

②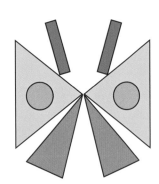

□   개

△   개

○   개

③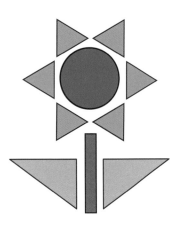

□   개

△   개

○   개

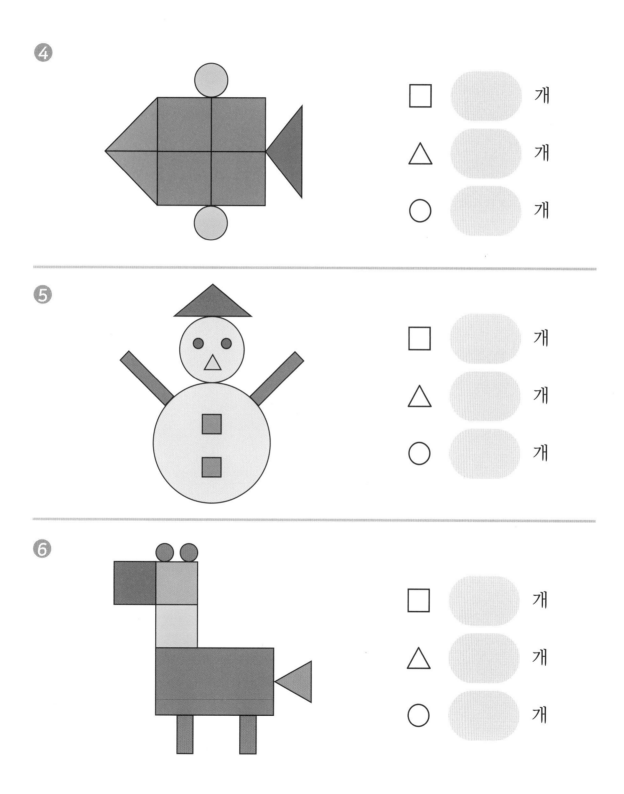

❹

▢ ⬭ 개

△ ⬭ 개

○ ⬭ 개

❺

▢ ⬭ 개

△ ⬭ 개

○ ⬭ 개

❻

▢ ⬭ 개

△ ⬭ 개

○ ⬭ 개

무엇으로 만들었을까요?

모양의 조합 변별

왼쪽의 모양을 만드는 데 필요한 조각을 모두 찾아 ○표 하세요.

①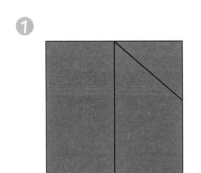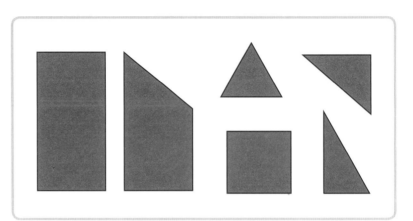

②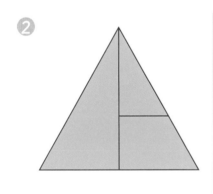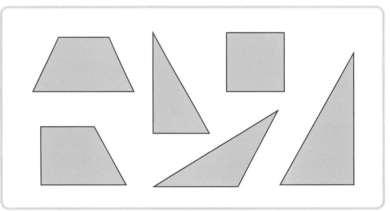

③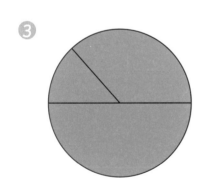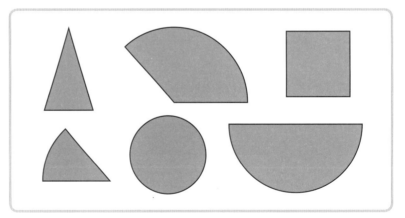

더하고 빼고

더하고 빼서 만든 모양 유추

더하고 뺀 모양을 모두 찾아 번호를 써 보세요.

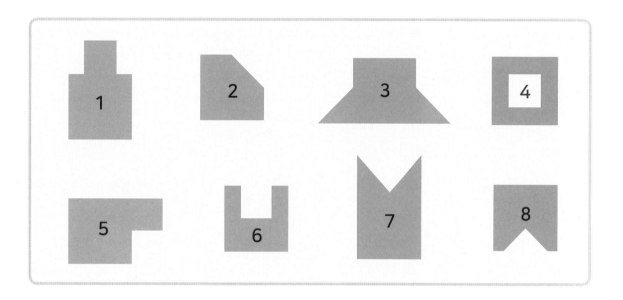

3 STEP 모양을 살펴보아요!

도형의 속성 탐색

모양, 색깔, 크기를 살펴보고, 알맞은 설명에 ○표 하세요.

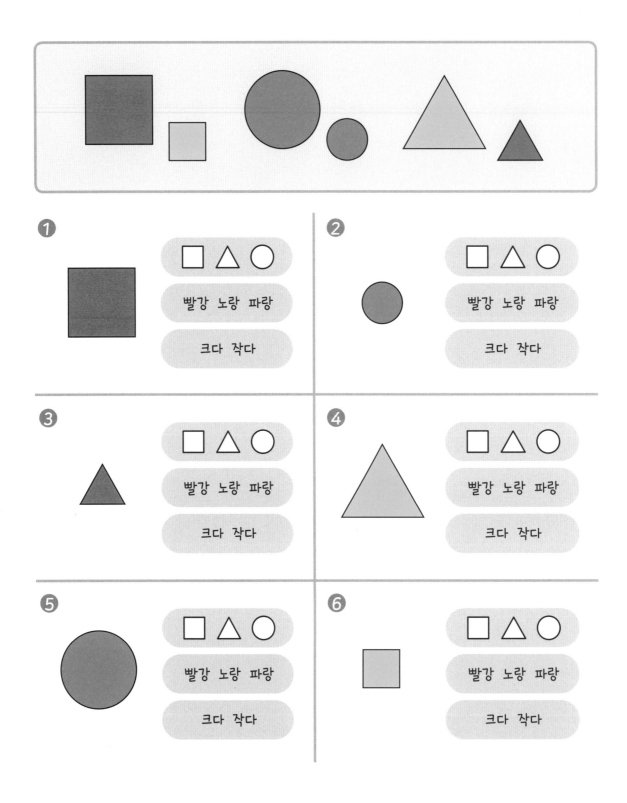

3 STEP 어떤 모양일까요?

도형의 속성 관찰

○표한 내용을 살펴보고, 보기에서 알맞은 모양을 찾아 번호를 써 보세요.

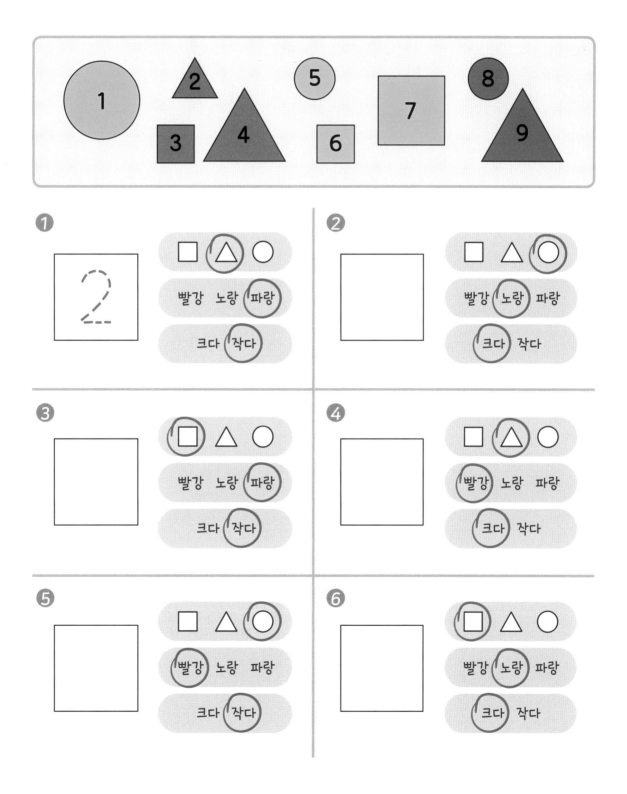

비교해 보아요!

도형의 속성 비교 및 같은 속성 찾기

두 모양을 비교하여 알맞은 설명에 ○표 하세요.

①

□ △ ○   □ △ ○

빨강 노랑 파랑   빨강 노랑 파랑

크다 작다   크다 작다

이것이 같아요! (모양 / 색깔 / 크기)

②

□ △ ○   □ △ ○

빨강 노랑 파랑   빨강 노랑 파랑

크다 작다   크다 작다

이것이 같아요! (모양 / 색깔 / 크기)

③

□ △ ○   □ △ ○

빨강 노랑 파랑   빨강 노랑 파랑

크다 작다   크다 작다

이것이 같아요! (모양 / 색깔 / 크기)

④

□ △ ○   □ △ ○

빨강 노랑 파랑   빨강 노랑 파랑

크다 작다   크다 작다

이것이 같아요! (모양 / 색깔 / 크기)

같은 것끼리 모아요!

속성에 따른 도형 분류 및
집합 개념 이해

월   일

동그라미 안에 알맞은 번호를 써 보세요.

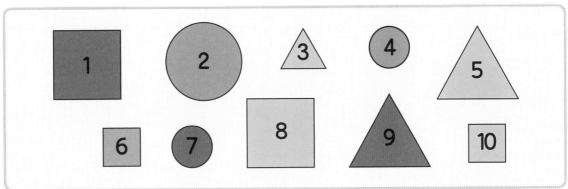

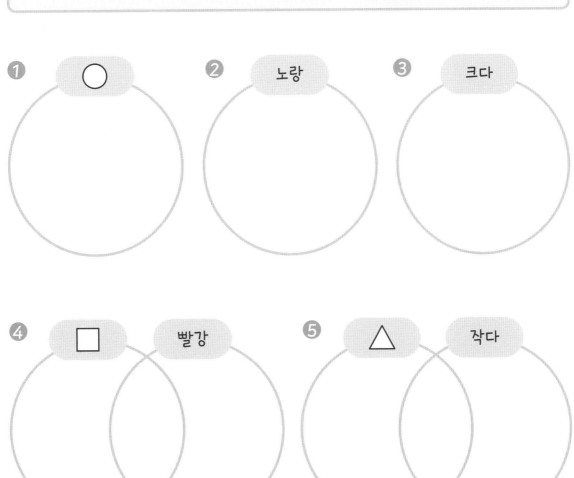

① ○

② 노랑

③ 크다

④ □   빨강

⑤ △   작다

두 모양을 비교해 보고 모양, 색깔, 크기 중 같은 것을 찾아 ○표 하세요.

❶

(모양 / 색깔 / 크기)(이)가 같아요.

❷

(모양 / 색깔 / 크기)(이)가 같아요.

❸

(모양 / 색깔 / 크기)(이)가 같아요.

❹

(모양 / 색깔 / 크기)(이)가 같아요.

❺

(모양 / 색깔 / 크기)(이)가 같아요.

❻

(모양 / 색깔 / 크기)(이)가 같아요.

3 STEP 무엇이 다를까요?

다른 속성 변별

두 모양을 비교해 보고 모양, 색깔, 크기 중 다른 것을 찾아 ○표 하세요.

 ①

(모양 / 색깔 / 크기)(이)가 달라요.

②

(모양 / 색깔 / 크기)(이)가 달라요.

③

(모양 / 색깔 / 크기)(이)가 달라요.

④

(모양 / 색깔 / 크기)(이)가 달라요.

⑤

(모양 / 색깔 / 크기)(이)가 달라요.

⑥

(모양 / 색깔 / 크기)(이)가 달라요.

뾰로롱~ 변해라, 얍!

뾰로롱~ 무엇이 변했을까요? 알맞은 모양에 ○표 하세요.

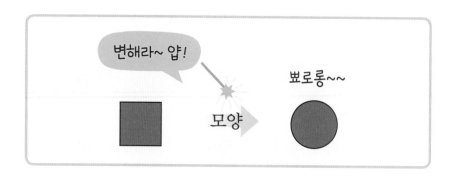

①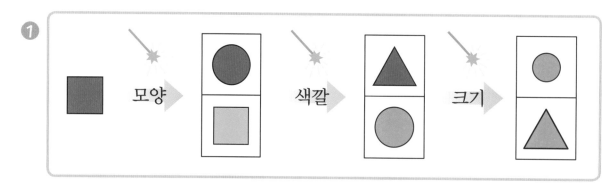

②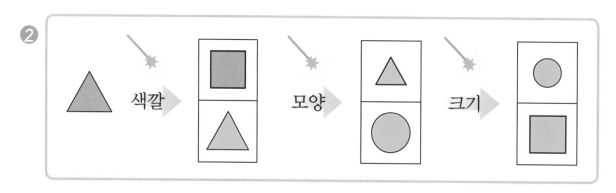

③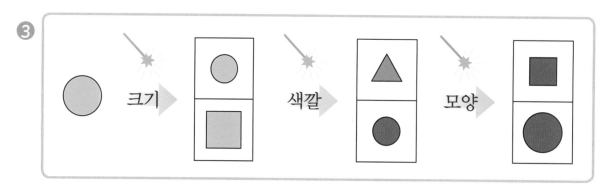

3 STEP 무엇이 같을까요?

같은 속성의 도형 찾기

같은 것끼리 모양을 모으려고 해요. 빈칸에 알맞은 모양의 번호를 써 보세요.

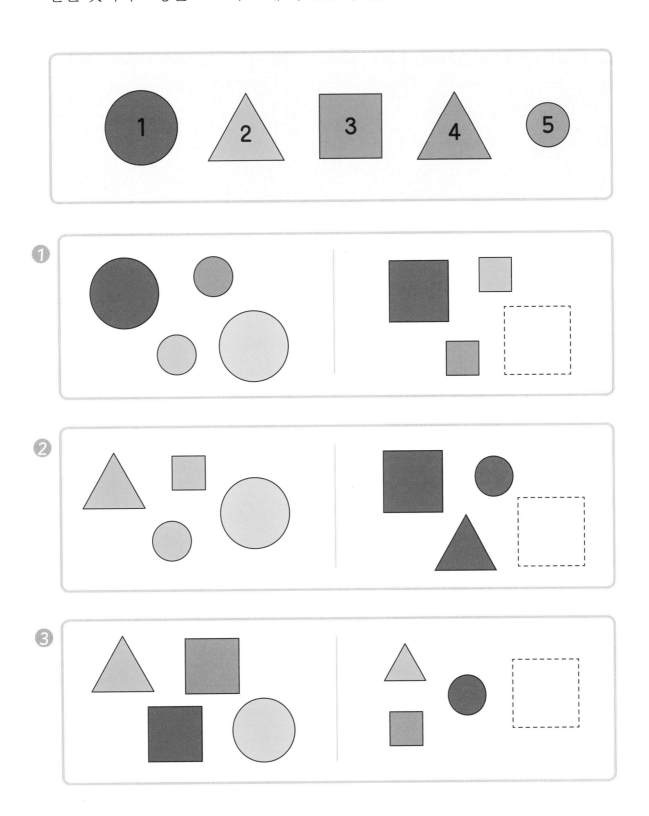

Let's take a break!

아이가 집에 갈 수 있도록 길을 찾아 주세요.

모양의 넓이와 대칭

모양을 활용한 다양하고 재미있는 문제들에 도전해 보아요!
모양을 겹쳤을 때 만들어지는 모양을 찾아보고,
단위 넓이를 이용해 넓이를 측정해 보며,
대칭을 알아보면서 문제 해결 능력,
추론 능력 및 공간 감각 능력 등을 기를 수 있어요.

STEP 4

구멍 난 종이를 겹쳤어요! 구멍 위치에 따른 겹친 모양 유추

두 종이를 그대로 겹치면 어떤 모양이 될까요? 알맞은 모양에 ◯표 하세요.

①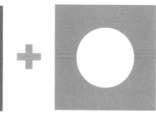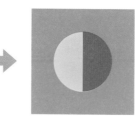

②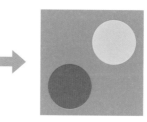

③

④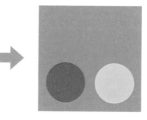

필름을 겹쳤어요!

겹치기 전 모양 유추

두 필름을 겹쳤더니 왼쪽 모양이 되었어요. 겹치기 전 두 모양을 찾아
○표 하세요.

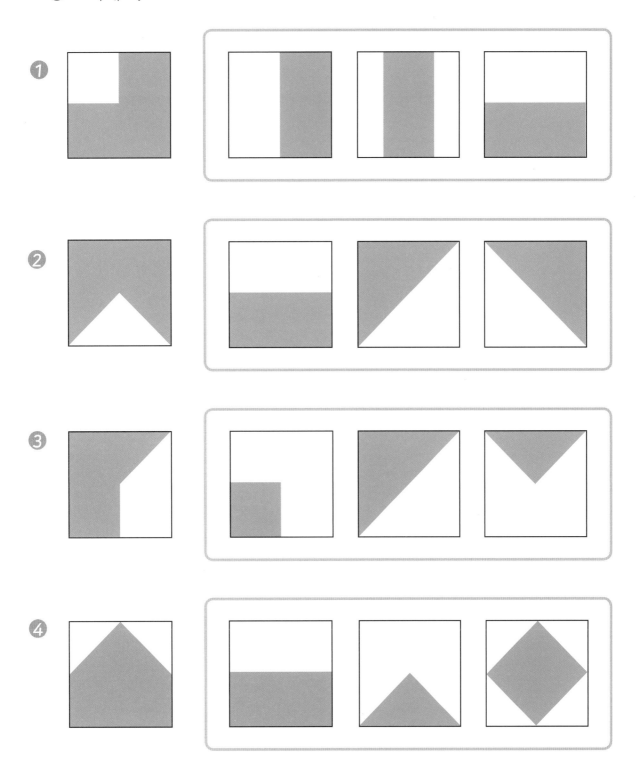

어떤 모양이 될까요?

겹친 모양 추론하여 그리기

왼쪽의 투명 필름 2장을 겹친 모양을 오른쪽에 색칠해 보세요.

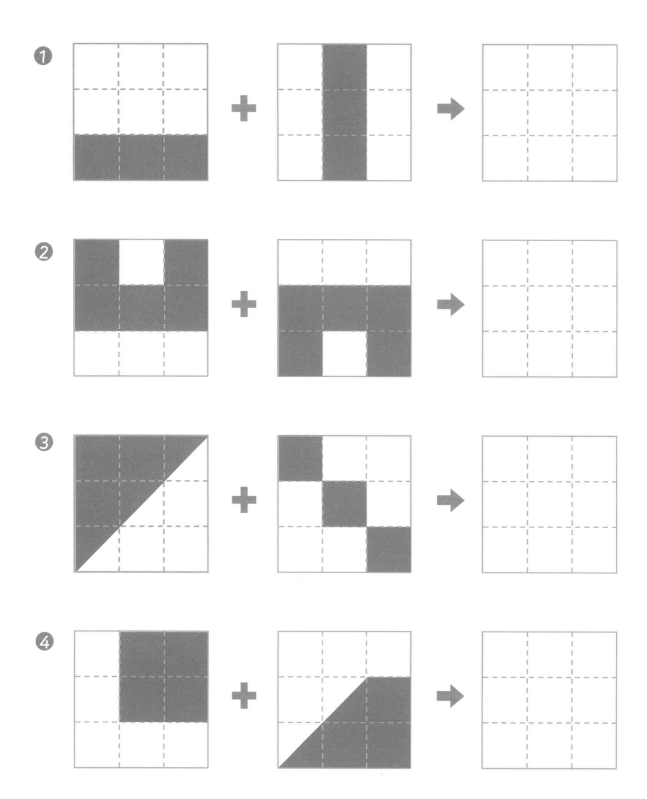

누구 땅이 더 넓을까요?

넓이 개념 이해 및 넓이 비교

색칠한 칸의 수를 세어 빈칸에 써 보고, 누구의 땅이 더 넓은지 ○표 하세요.

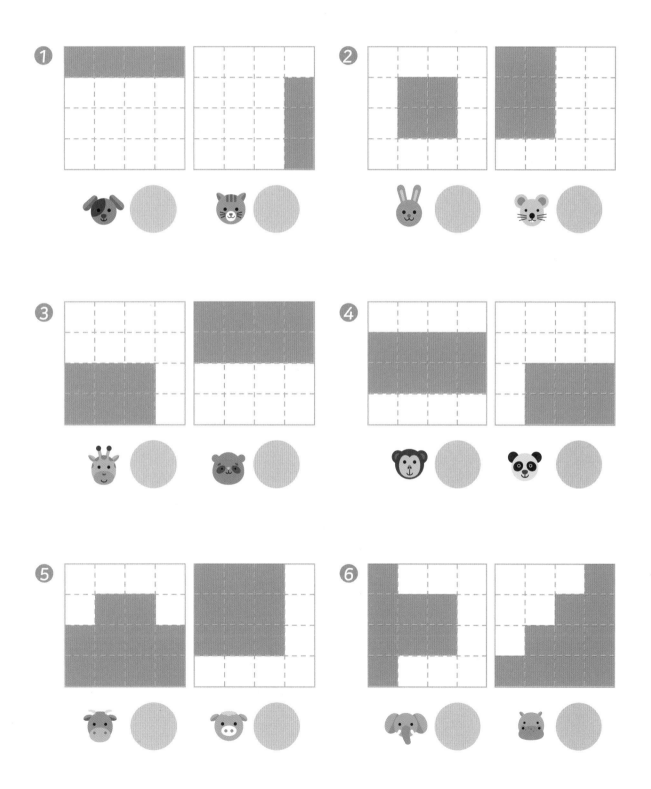

넓이를 구해요! ①

단위 넓이를 이용한 모양의 넓이

주어진 모양의 넓이를 구해 보세요.   ■ = 1

①   넓이

②   넓이

③ 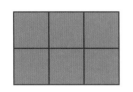   넓이

④ 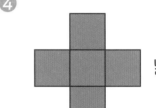   넓이

⑤ 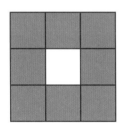   넓이

⑥ 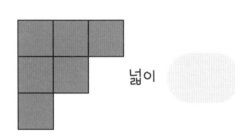   넓이

⑦ 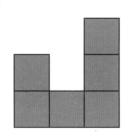   넓이

⑧ 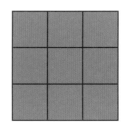   넓이

4 STEP 넓이를 구해요! ②

단위 넓이를 이용한 모양의 넓이

주어진 모양의 넓이를 구해 보세요.

①

 넓이

②

 넓이

③

 넓이

④

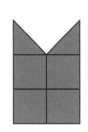 넓이

⑤

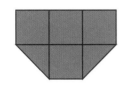 넓이

⑥

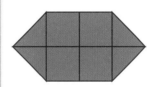 넓이

⑦

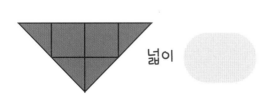 넓이

⑧

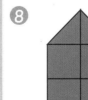 넓이

누구의 땅이 더 클까요?

넓이 비교하기

두 땅의 넓이를 세어 빈칸에 쓰고, ⬭ 안에 > < 를 알맞게 써 넣으세요.

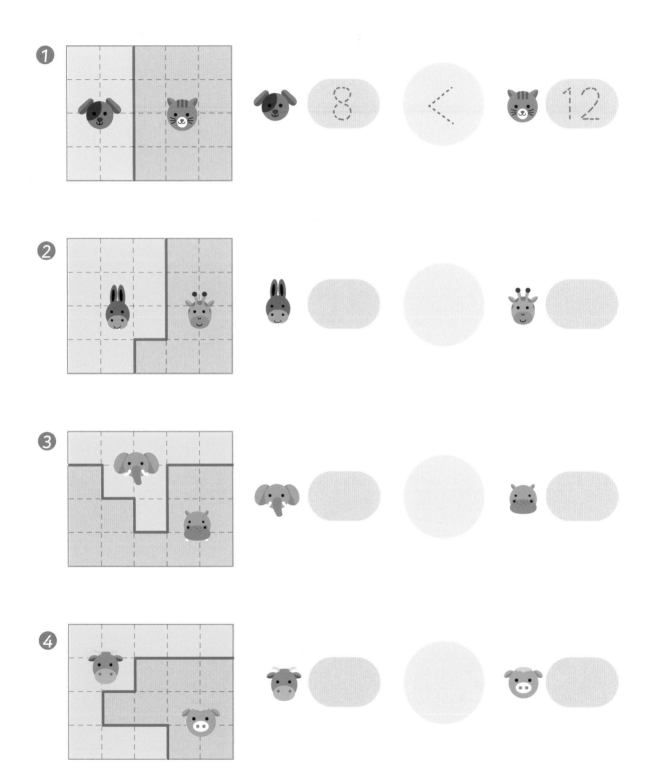

접어 보아요! ①

대칭의 기본 개념 형성

점선을 따라 접으면 ● 는 어디와 만날까요? 알맞은 자리에 ○를 그려 보세요.

❶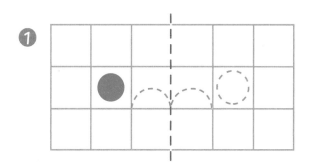

❷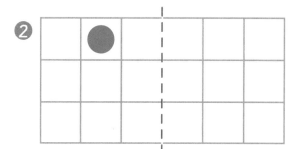

❸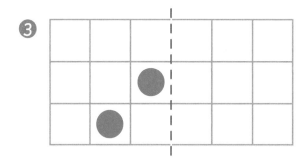

❹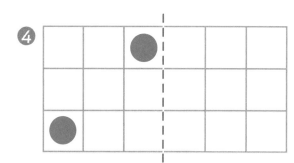

❺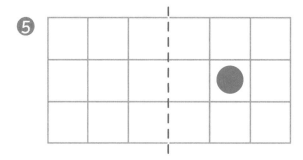

❻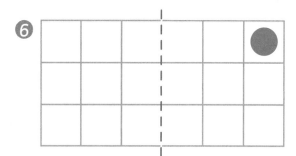

❼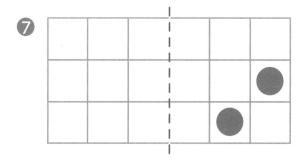

❽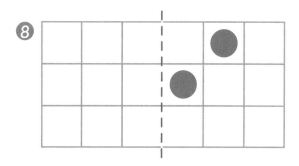

접어 보아요! ②

대칭의 기본 개념 형성

점선을 따라 접으면 ⬤는 어디와 만날까요? 알맞은 자리에 ◯를 그려 보세요.

❶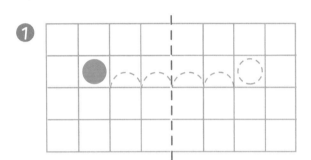

❷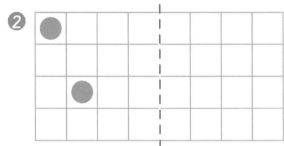

❸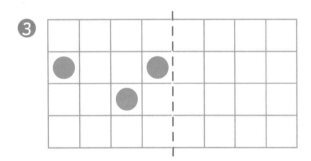

❹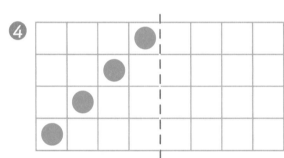

❺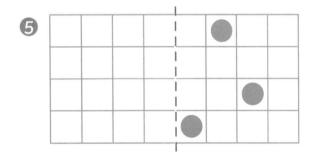

❻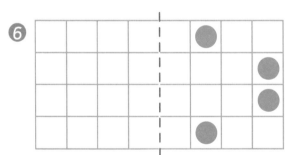

❼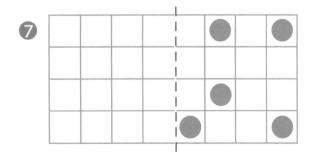

❽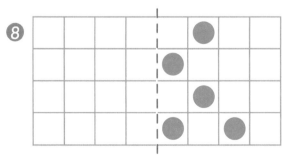

 접어 보아요! ③

대칭의 기본 개념 형성

점선을 따라 접으면 ⬤ 는 어디와 만날까요? 알맞은 자리에 ○를 그려 보세요.

❶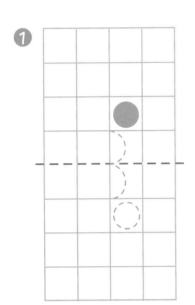

❷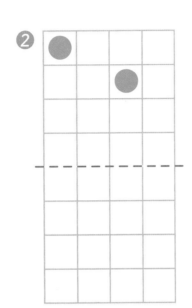

❸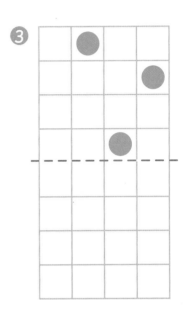

❹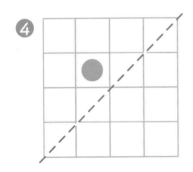

❺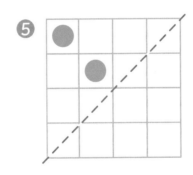

❻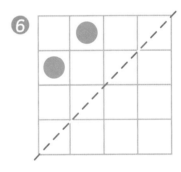

❼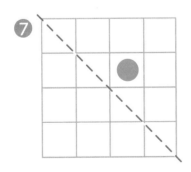

❽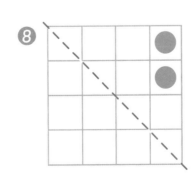

❾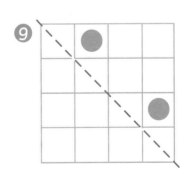

접었다 펼쳤어요!

점선을 기준으로 대칭 모양이 맞으면 ○표, 틀리면 ✕표 하세요.

①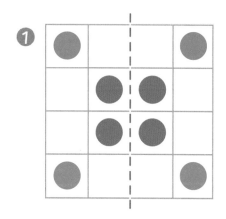

②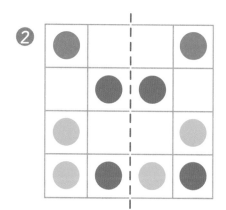

③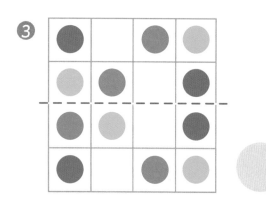

④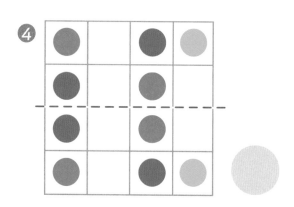

⑤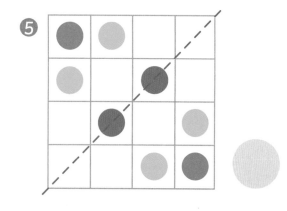

⑥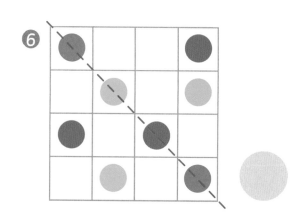

지워 보아요!

대칭 개념 이해 및 관찰력

대칭이 되도록 도형 1개를 ✕표로 지워 보세요.

①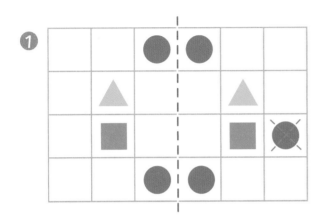

②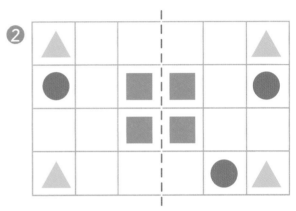

③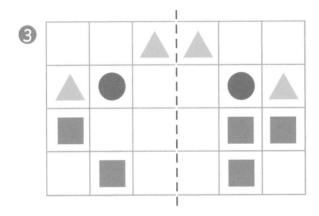

④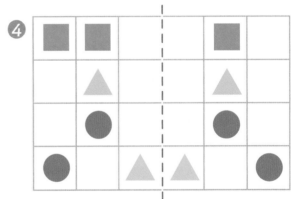

⑤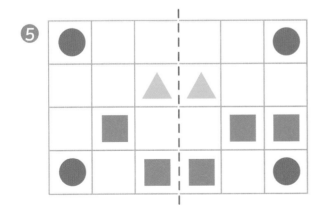

⑥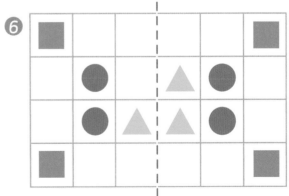

선을 그려요!

점선을 따라 접었을 때, 완전히 겹쳐지는 모양이 되도록 오른쪽에 그려 보세요.

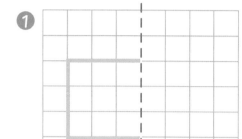

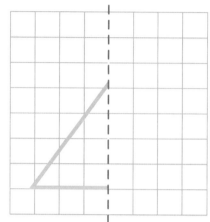

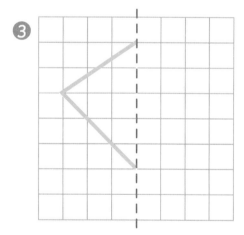

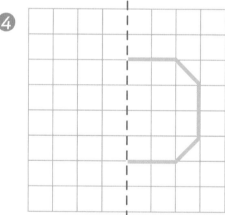

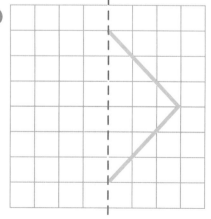

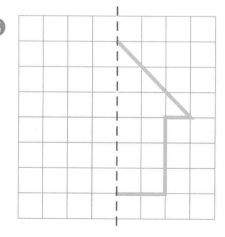

7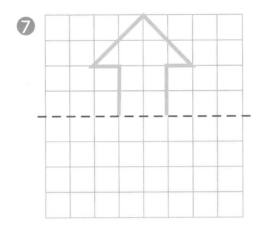

8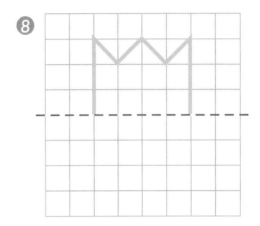

9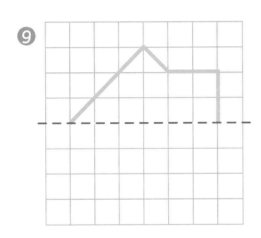

10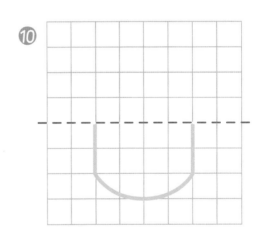

11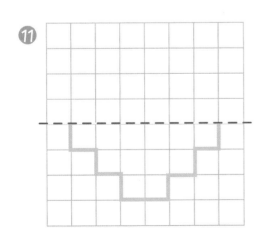

12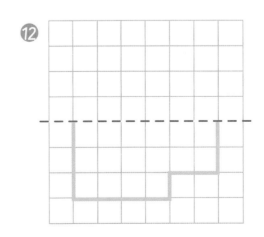

반대편 모양을 그려요!

STEP

왼쪽 모양을 거울에 비춰 보았을 때의 모양을 오른쪽에 색칠해 보세요.

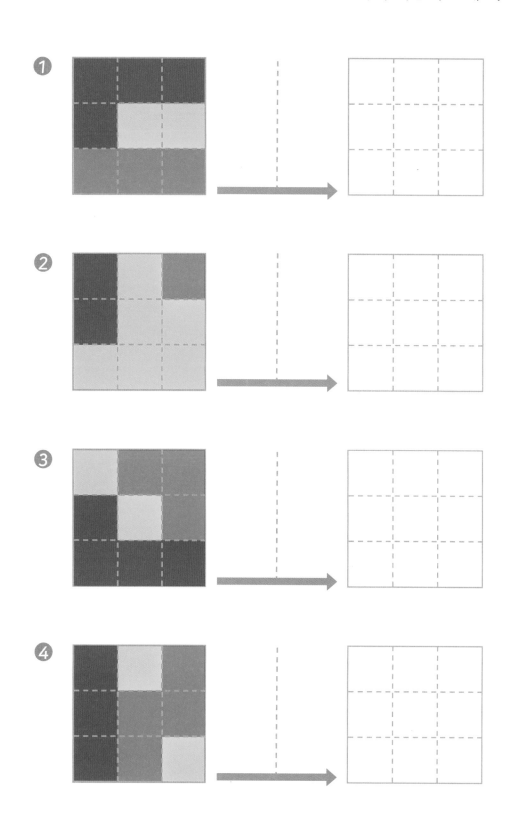

❶

❷

❸

❹

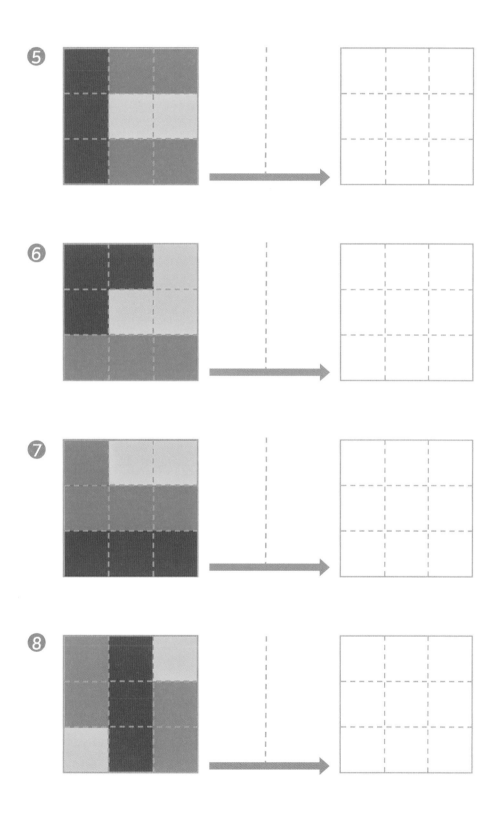

MEMO

사월이네 공부방 김원장의
수학의 단단한 기둥 시리즈

도형 탐구

Explore Shape Workbook

해답

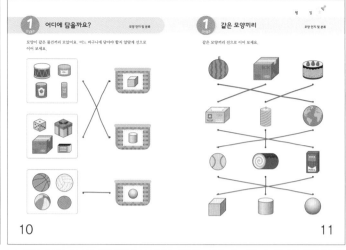

8

9

10

11

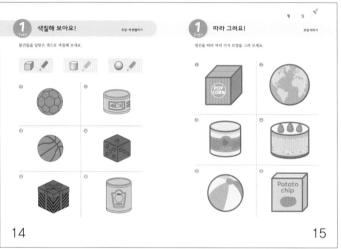

12

13

14

15

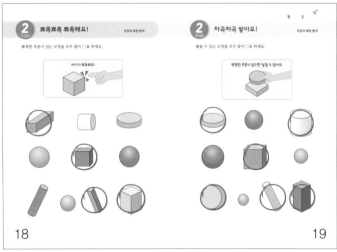

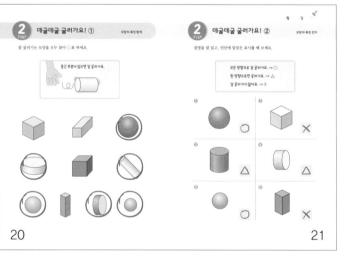

18

19

20

21

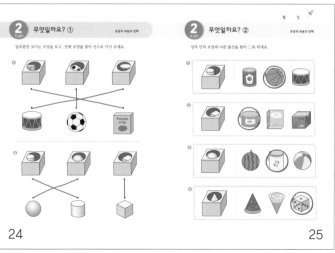

22

23

24

25

130 도형 탐구

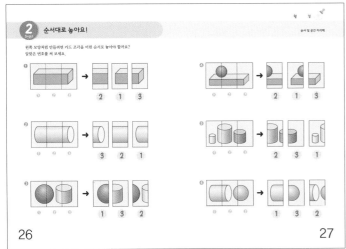

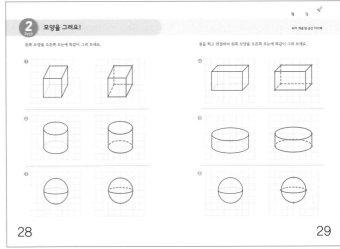

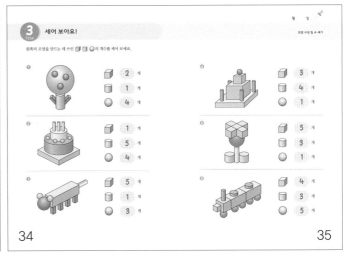

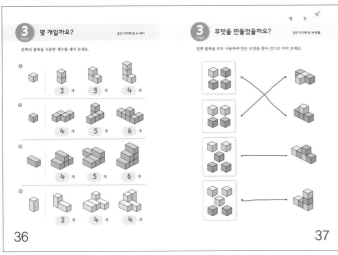

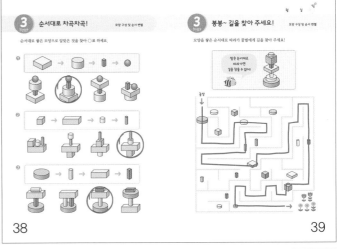

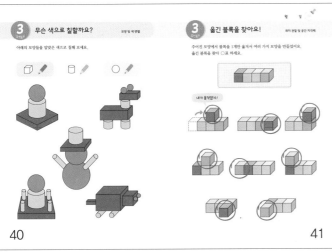

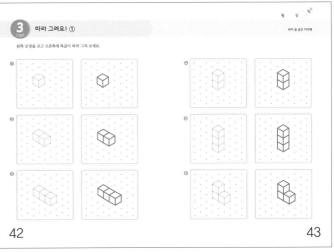

3 따라 그려요! ②

왼쪽 모양을 보고 오른쪽에 똑같이 따라 그려 보세요.

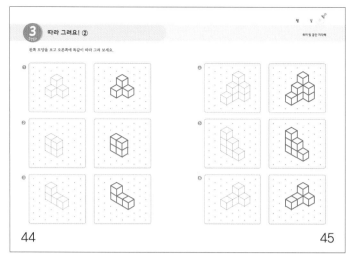
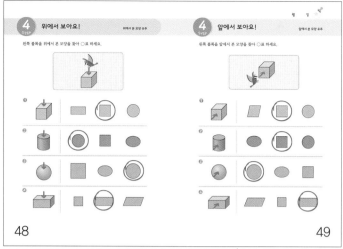

44

45

4 위에서 보아요!
위에서 본 모양 유추

왼쪽 블록을 위에서 본 모양을 찾아 ○표 하세요.

4 앞에서 보아요!
앞에서 본 모양 유추

왼쪽 블록을 앞에서 본 모양을 찾아 ○표 하세요.

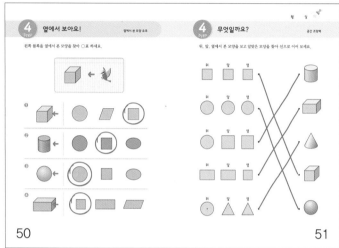
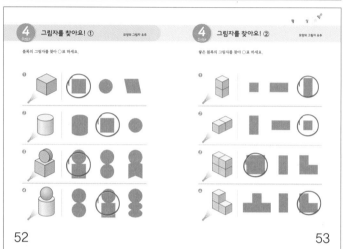

4 옆에서 보아요!
옆에서 본 모양 유추

왼쪽 블록을 옆에서 본 모양을 찾아 ○표 하세요.

4 무엇일까요?
공간 지각력

위, 앞, 옆에서 본 모양을 보고 알맞은 모양을 찾아 선으로 이어 보세요.

50

51

4 그림자를 찾아요! ①
모양과 그림자 유추

블록의 그림자를 찾아 ○표 하세요.

4 그림자를 찾아요! ②
모양과 그림자 유추

왼쪽 블록의 그림자를 찾아 ○표 하세요.

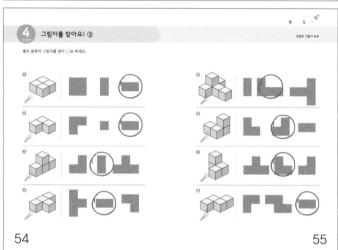
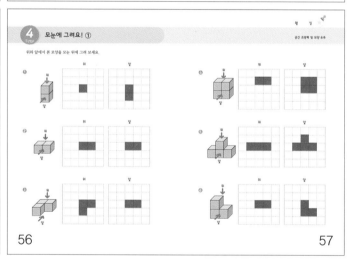

52

53

4 그림자를 찾아요! ③
모양과 그림자 유추

왼쪽 블록의 그림자를 찾아 ○표 하세요.

4 모눈에 그려요! ①
공간 지각력 및 모양 유추

위와 앞에서 본 모양을 모눈 위에 그려 보세요.

54

55

4 모눈에 그려요! ②
공간 지각력 및 모양 유추

위와 앞에서 본 모양을 모눈 위에 그려 보세요.

4 모양을 내려다보아요!
공간 지각력 및 모양 유추

왼쪽의 모양을 위에서 본 모양을 찾아 ○표 하세요.

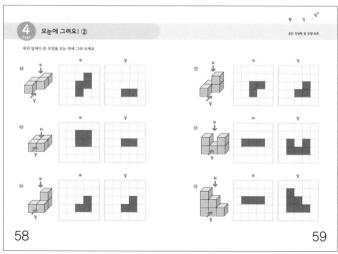
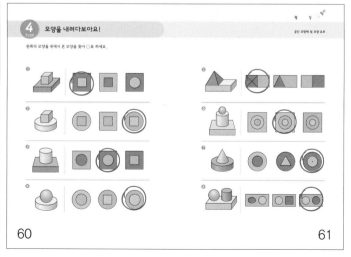

58

59

60

61

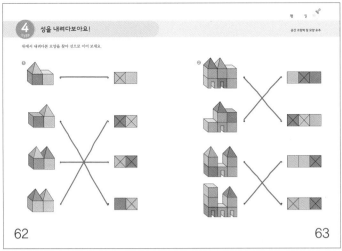

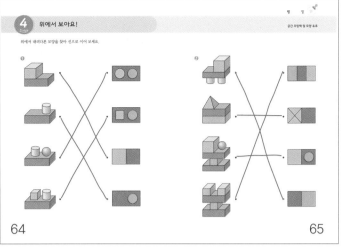

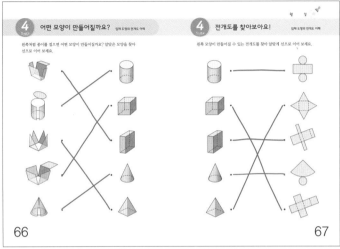

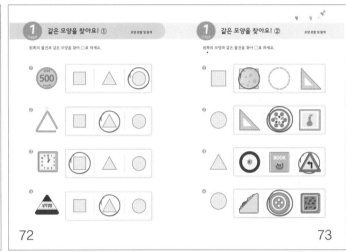

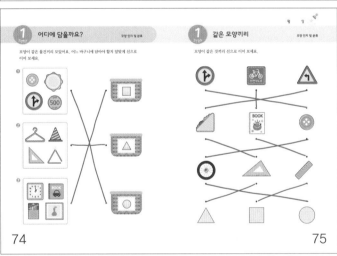

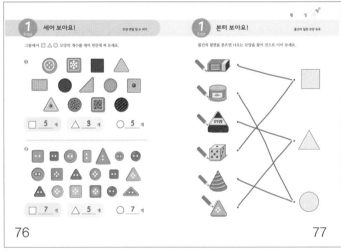

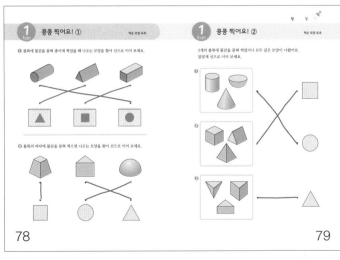

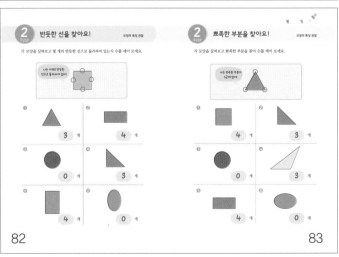

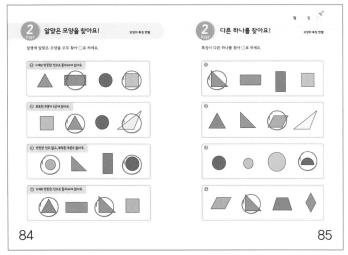

2 알맞은 모양을 찾아요!
모양의 특징 변별

설명에 알맞은 모양을 모두 찾아 ○표 하세요.

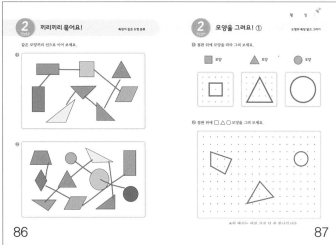

2 다른 하나를 찾아요!
모양의 특징 변별

특징이 다른 하나를 찾아 ○표 하세요.

84

85

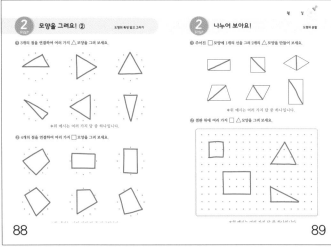

2 끼리끼리 묶어요!
특징이 같은 도형 분류

같은 모양끼리 선으로 이어 보세요.

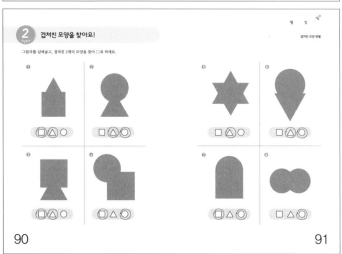

2 모양을 그려요! ①
도형의 특징 알고 그리기

86

87

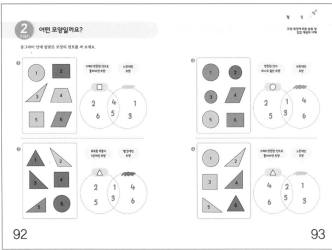

2 모양을 그려요! ②
도형의 특징 알고 그리기

2 나누어 보아요!
도형의 분할

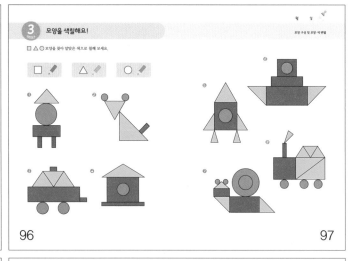

2 겹쳐진 모양을 찾아요!
겹쳐진 모양 변별

그림자를 살펴보고, 겹쳐진 2개의 모양을 찾아 ○표 하세요.

88

89

90

91

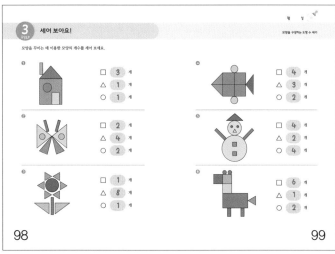

2 어떤 모양일까요?
모양 특징에 따른 분류 및 집합 개념의 이해

동그라미 안에 알맞은 모양의 번호를 써 보세요.

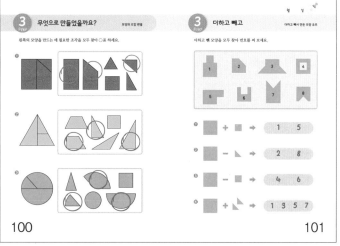

3 모양을 색칠해요!
모양 구성 및 모양 색 변별

□ △ ○ 모양을 찾아 알맞은 색으로 칠해 보세요.

92

93

96

97

3 세어 보아요!
모양을 구성하는 도형 수 세기

모양을 꾸미는 데 이용한 모양의 개수를 세어 보세요.

□	3	개	
△	1	개	
○	1	개	

□	2	개	
△	4	개	
○	2	개	

□	1	개	
△	8	개	
○	1	개	

□	4	개	
△	3	개	
○	2	개	

□	4	개	
△	2	개	
○	4	개	

□	6	개	
△	1	개	
○	2	개	

3 무엇으로 만들었을까요?
모양의 조합 변별

왼쪽의 모양을 만드는 데 필요한 조각을 모두 찾아 ○표 하세요.

3 더하고 빼고
더하고 빼서 만든 모양 유추

더하고 뺀 모양을 모두 찾아 번호를 써 보세요.

98

99

100

101

134 **도형 탐구**

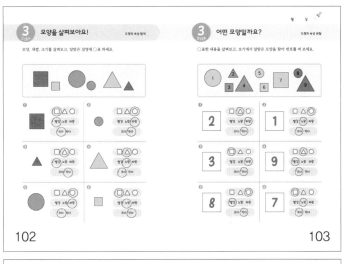

102

103

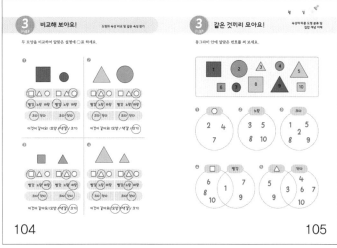

104

105

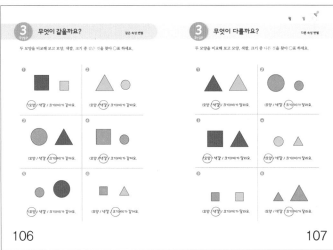

106

107

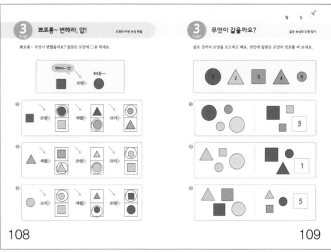

108

109

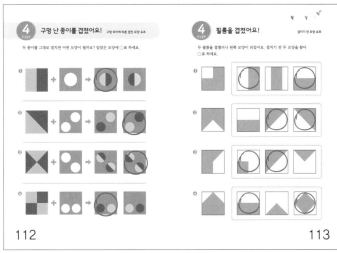

112

113

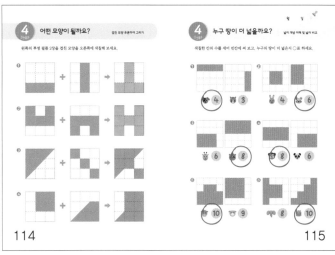

114

115

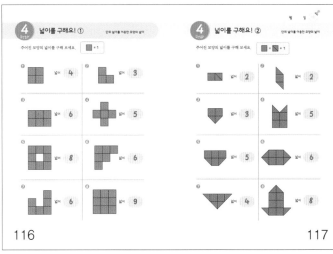

116

117

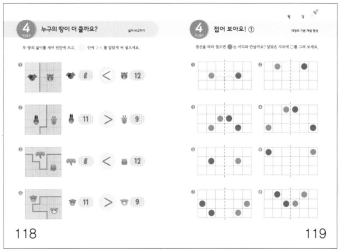

118

119

해답 135

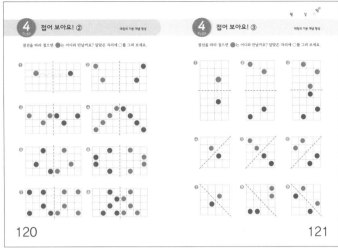

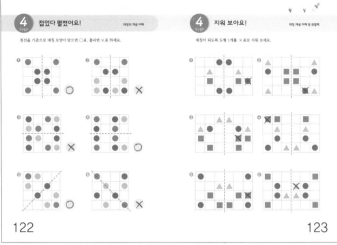

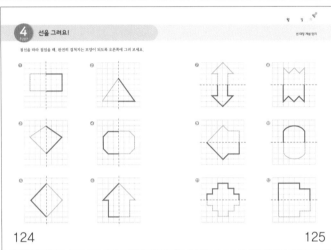

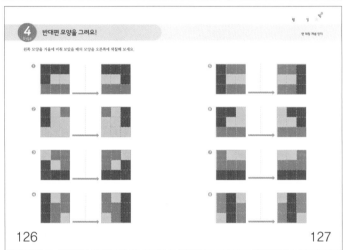

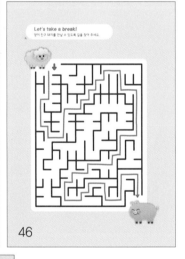

120

121

122

123

124

125

126

127

Let's take a break!

16

30

46

80

94

110